「食」の図書館

バニラの歴史

VANILLA: A GLOBAL HISTORY

ROSA ABREU-RUNKEL
ローザ・アブレイユ＝ランクル【著】
甲斐理恵子【訳】

原書房

目次

第7章　香りの特徴　125

［……］は翻訳者による注記である。

序章◉香り立つ魅力

年齢を重ねてもはつらつとして美しかったポンパドゥール夫人。ヴォルテールら文化人のパトロンでもあり、18世紀半ばのフランス文化における唯一無二の「インフルエンサー」でもあった夫人だが、ある事実をもはや無視することはできなかった。かつては彼女の思考や行動を支配していた愛人、ルイ15世に対する情熱が、もはや消えてしまったことを。夫人は、以前ルイ15世をはじめとする多くの愛人の情欲をかきたてるために、衣類や下着にバニラの香りをしみこませたことを思い返した。かくして夫人は、失われた王への情熱にふたたび火をつけるために一計を案じる。食事を見直し、大量のトリュフとバニラだけを食べることにしたのだ。

わたしが育ったドミニカ共和国中央部の緑豊かな蒸し暑い平原には、人の五感を刺激し自然への感謝を少しずつ育むために必要な景色や音、におい、すべてがそろっていた。そのような環境に置かれると、自然の官能的な力と日常生活が交わるところをつねに意識するよう

ドミニカン・フラン

になる。わたしにとって、その交わりをもっとも体現するものは、バニラをおいて他にない。その花の香りは遠い昔の幼少期の記憶に結びつく――その得も言われぬ香りと姿が、わたしたちの家庭に魔法のような楽しみをもたらしてくれたのだ。

わたしは親戚の女性たちといっしょに過ごすことが多かった。みなわずかばかりの道具と小さな薪ストーブで、ものすごく美味しい料理やデザートを作ったものだ。その大きな特徴は、バニラと呼ばれる蘭の実だった。時が流れるにつれて、こういう思い出はぼんやりとあやふやになってきたが、それでも心の奥底に落ち着いて一種の知識になった。いまでも覚えているのは、花が大好きだった母が、花にとってはひどく厳しい環境だったはずのせまいアパートメントで、いろいろな種類をまあまあ上手に育てていたこと。プラスチック製のみすぼらしい赤いシルクオーキッド［蘭］も手に入れて、目立つ場所に飾っていたこと。そしてたぶんもっとも重要な記憶は、母が限られた材料を使ってとびきり上等なバニラが香るドミニカン・フラン［プリンのようなデザート］を作ってくれたことだ。それを前にすると五感が圧倒され、いくらでも食べることができた。

こういう記憶は行く先々についてまわるが、バニラ自体もわたしがどこへ行こうとついてくるような気がする。たとえば２０１８年の夏のこと、わたしは家族といっしょに誕生日を祝おうとニューヨーク市のレストランへ出かけた。すると驚いたことに、わたしたちのテーブルには白いバニラの花が美しく飾られていたのだ。まるで、あなたのバニラの物語を聞かせて、と誘っているかのように。しかし、そもそもバニラとはなんなのだろう？　わたしの好奇心はそんな疑問から始まった。その答えは、矛盾と驚きでいっぱいなのだ。

人の心を揺さぶり夢中にさせるバニラは、唯一の食べられる蘭と言われ、サフランに次いで世界で2番目に高価なスパイスだ。一方、原材料として使われる場合、その量はチョコレートの使用量よりも多い。バニラはありとあらゆるものに使われているからだろう。パンや焼き菓子、アルコール飲料、医薬品、芳香剤、洗剤、清涼飲料、香水、化粧品、そしてもちろん、アイスクリームにも。バニラは強力な媚薬だと信じる人も多く、数々の民族や文化とも深くつながり、しっかり根付いている。

この花をつける熱帯の蔓植物の官能的な香りや特徴は、数世紀ものあいだ広く知れわたることなく、民間伝承で称えられるに留まっていた。それがいまではごくありふれたものになり、英単語の「vanilla」は「平凡でつまらない」という意味でも使われるようになった。しかし、バニラが蘭の仲間であることは意外な事実かもしれない。それどころか、バニラが花をつける蔓植物から採れることを多くの人は知らないし、食品のフレーバーにせよ香料のフレグランスにせよ、使われているバニラが植物だとはなかなか思いいたらないだろう。

それでは、バニラが呼び起こすものとはなんだろう？　バニラと聞くと、平凡、安全、情

バニラ・アイスクリーム

熱、純粋さといった現代的な言葉の意味を思い浮かべる人もいるだろう。甘く豊かなエキスが香る退廃的なデザートをイメージする人もいるはずだ。大半の家では、食品を貯蔵するパントリーに繊細な黒っぽいボトルに入った怪しげなバニラ・エクストラクト［バニラの種や莢《さや》を漬けこんで成分を抽出したアルコール液］が置かれている。それを開けるのは、パンや焼き菓子づくりの新たな冒険に乗りだす準備ができたときだけだ。あのガラスのボトルが開けられたときに感じたこども時代のあふれんばかりの喜びと期待を覚えている人も多いのではないだろうか。小さなティースプーン1杯のバニラ・エクストラクトの菓子のような香りが嗅覚を支配し、キッチン全体にあふれると、そのデザート生地がオーブンへ送られる前にスプーンや指でボウルからすくってひとなめしたくてわくわくした人もいるはずだ。

あるいは、バニラの官能的な側面を想像する人もいるかもしれない――人を惑わすあの甘い香りとあなたが初めて出会ったのは、かつて訪れた香水売り場だろうか。それともついさっき、今夜のことかもしれない。もしかしたら、ワイングラスの底でチェリーやブラックペッパーの香りに混じってほのかに香っていたのだろうか。バニラは非常に用途が広く、スパイスとしても称賛される。ひと皿ごとの料理を補完し、素材の味わいをいっそう引き立たせ、エキゾチックな特性と香気を吹きこむからだ。

それでも、じつはこの貴重な香料について一瞬たりとも考えたことがないという人がほとんどだ。日常生活であまりにも頻繁に遭遇するから——遭遇するにもかかわらず——である。「バニラ」という言葉そのものが、それについて深く掘り下げなくてもいいとの言い訳になっているかのようである。日々の暮らしにあふれかえる多くのものごともそうだが、バニラもありきたりという烙印を押されている。なぜなら、みなバニラに慣れきっているからだ。そしてわたしたちがバニラをこのように軽視するのは、バニラをしっかり理解していないためなのである。

　ありきたりという性質は、喜びや情熱、高揚感、好奇心の敵だ。こういう感情は料理の世界では、食いしん坊であろうとシェフであろうと、すばらしい味覚を体験するときに湧きあがるものだ。数世紀ものあいだ、ともに調理したものをいっしょに食べることは、異なる文化を結び、互いの理解を深める助けになってきた。自分が食べる食品の知られざる一生に敬意を払うということは、それが材料ひとつで作る料理であっても先祖伝来のレシピであっても、ひとりで黙々と向き合う日常生活の向こう側の世界に心を開くということなのだ。

　では、なぜわたしはスパイス棚の常備品の歴史を書いているのだろう？　歴史は、どんなに無難な話題を選んでも、みにくい真実をまき散らす。しかし過去、現在を問わず、自分以外の人々や彼らの文化が感じる喜びや興奮の源についての知識があれば、どんなにつまらない出会いでも一変することを歴史は力強く示してくれる。バニラのように、一見平凡なものに秘められた複雑な物語を理解することで、その平凡なものとのかかわりに価値が生まれ、ありきたりな要素が消え去るのを目の当たりにすることができるのだ。

バニラの歴史は、誰もが愛するその風味と同じくらい魅力的で豊かだ。バニラの真の物語の全容を知れば、この官能的なスパイスの魅力にあらためて気づいてもらえるだろう。本書の各章では、読者のみなさんを旅にお連れするつもりだ。それは太古のメソアメリカ［かつて高度な文明が栄えたメキシコから中央アメリカ北西部にいたる地域］に始まり、バニラの現代の文化的意義や植民地独立後の社会経済的な示唆で終わる。歴史を案内人にすれば、バニラの限りない斬新さを感じ取り、一見月並みなものの美点にあらためて気づくだろう。そのような発見が増えれば増えるほど、こども時代の気持ちもよみがえってくるはずだ。その感覚はページをめくるたびに、そして今後キッチンに足を踏み入れるたびに、舞い戻ってくるのだ。

でもまずはキッチンから離れよう。歴史の始まりに戻るのだ……。

第1章◉生態

唯一の食べられる蘭、バニラは、エキゾチックで神秘的で、五感をおおいに楽しませてくれる。その香りは商品化に大成功しているので、バニラが存在しない世界など想像もつかない。今日、誰もがバニラ風味の製品を買い、その甘やかな香りと味わいを当たり前のように享受している。かつてこのすばらしい蘭の実は、支配者や聖職者、医者に珍重されていた。現在も一流の調香師や料理人に非常に大切にされている。しかし一般市民は、バニラに興味深い過去があることをほとんど知らないのだ。

　バニラの歴史には神話が豊富に登場する。この蘭は、そこに実るかぐわしい莢ともども、中米各地で高く評価されている。その地域原産のバニラは、メキシコの先住民族トトナコ族の喜びと感謝の源だったようだ。彼らはバニラは神々から与えられた贈り物だと信じていた。トトナコ族の民間伝承には神がこの蔓植物を創る物語があり、世代から世代へと口承で伝えられてきた。

バニラ（学名 *Vanilla humblotii*）。『カーティス・ボタニカル・マガジン *Curtis's Botanical Magazine*』より。1905年

マーティン・ジョンソン・ヘッド作『蘭にとまるハチドリ』。1901年。キャンバスに油彩

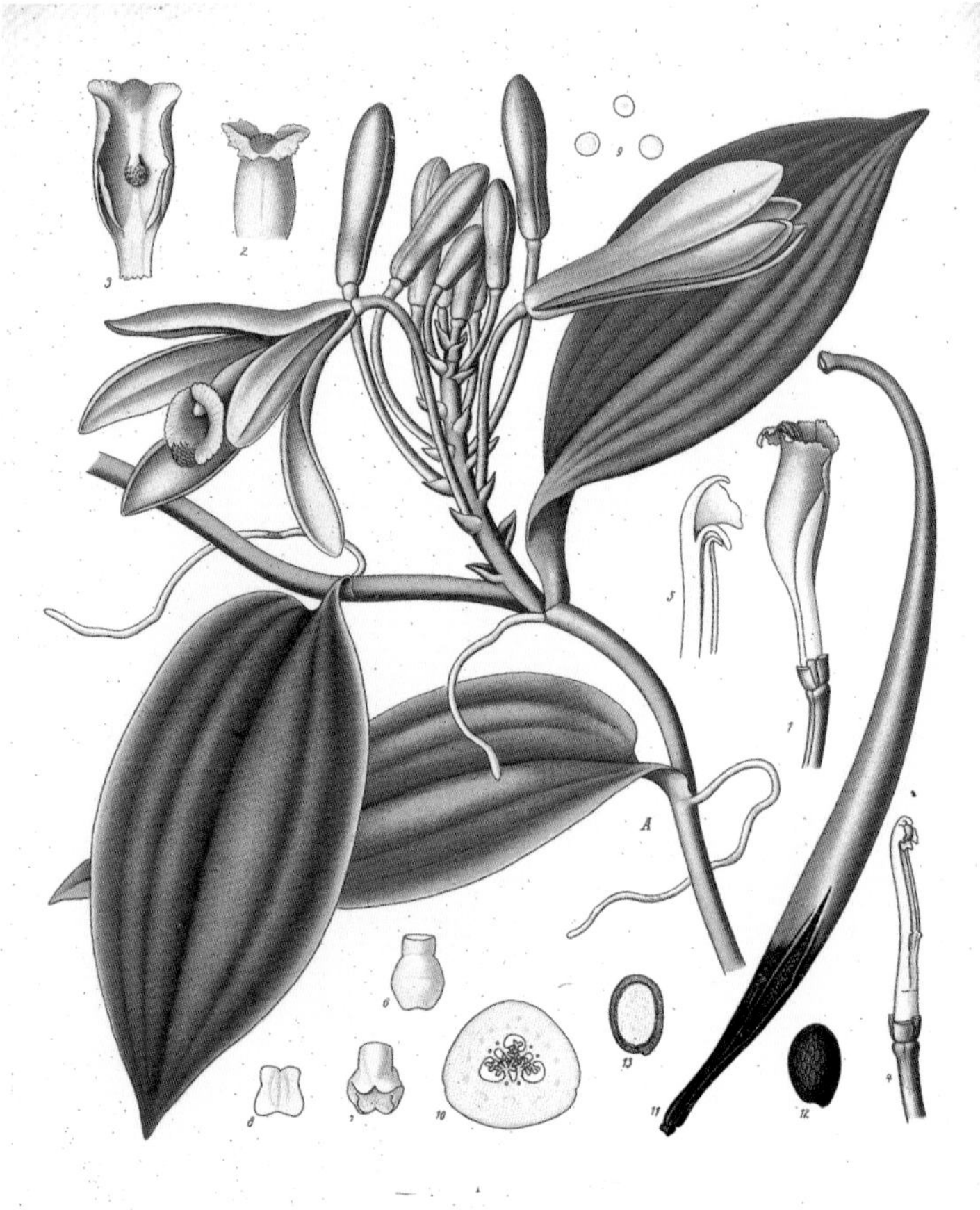

バニラの解剖図。『ケーラーの薬用植物 *Köhler's Medizinal-Pflanzen, vol II*』より（1888～90年）

豊穣の女神の子孫ザナスは、美しい十代の少女だ。彼女は勇敢なザラウィンと激しい恋に落ちた。しかし人間との結婚を禁じられたザナスは、人間になることもできなかったため、いつでも愛する人のそばにいられるようにバニラという蔓植物に姿を変えたという。それ以来トトナコ族は、バニラを見ると報われない恋を思い出すのだ。(1)

バニラの歴史は、トトナコ族が物語に取り入れるかなり以前までさかのぼる。バニラをより深く理解するためには、その利用の起源と文化的意義の両方を掘りさげなければならない。植物としての特徴や生育環境についても知る必要があるし、人の手による改良でこの蔓植物がトトナコ族の生活でもっとも重要な要素になった経緯も調べなければならない。

ご存じのとおり、バニラは世界中で広く使われる天然香料だ。その実はしばしば莢とも呼ばれ、バニラ属（学名 *Vanilla*）の蔓から育つ。ラン科は、花をつける植物では世界で2番目に大きな科だ。バニラの実はマメ科の実に似ているが、マメ科ではない。バニラは胚珠が子房に包まれた被子植物に分類され、その仲間は約30万種類存在する。被子植物は、植物界ではもっとも多種多様なグループで、世界中の花をつける植物の80パーセントが属している。一般的にマメ科と呼ばれる植物もすべて被子植物に含まれる。植物学者ケン・キャメロンは、

東洋風に描かれた蘭の花と蝶

著書『バニラ・オーキッド：自然史と栽培 *Vanilla Orchids: Natural History and Cultivation*』でつぎのように述べている。

マメ科の植物は実をつけるので、農業の視点に立つと重要だ。これには大豆やピーナッツをはじめとするさまざまなタイプの豆が含まれる。これらマメ科の実は莢であることが特徴で、きつく折りたたまれた葉にそっくりな子房からできる。たいていの場合、莢は熟すと半分に割れる。サヤインゲン、キヌサヤ、レンズマメ、特定のアカシアは料理に使われる。アルファルファは花が、インディゴやクローバーは花蜜が使われ、そしてバニラは香りが利用される。(2)

◉代表的な品種

バニラは蔓性で、110の品種と2万5000の交配種があるとされてきた。(3) もっとも一般的な品種であるバニラ（学名 *V. planifolia*、以前は *V. fragrans*）は、現在マダガスカル島を筆頭に、世界各地で大量に栽培されている。これ以外ではニシインドバニラ（学名 *V. pompona*）と、タヒチアンバニラ（学名 *V. tahitensis*）の2種類が有名だ。

バニラ（学名 *Vanilla planifolia*）の花

タヒチアンバニラ（学名 Vanilla tahitensis）の蔓

ニシインドバニラ（学名 *Vanilla pompona*）の花

バニラ種（学名*V. planifolia*）は、メキシコや中央アメリカ原産で、「商業用バニラの母と呼ばれている」[4]。蔓に茂る葉は肉厚で平たく、花は優美な黄緑色で濃淡はさまざまだ。その実は最高品質で、同じバニラ属の別種、タヒチアンバニラやニシインドバニラの実よりも質が高いと考えられている。

タヒチアンバニラは、バニラ（学名*V. planifolia*）と、現在ほとんど栽培されていないバニラ・オドラータ（学名*V. odorata*）との交雑種である。タヒチアンバニラの種《たね》は、1848年にフランスの太平洋艦隊指揮官、フェルディナン＝アルフォンス・アムランによってフランス領ポリネシアに持ちこまれた。このバニラの葉は楕円形で、花は緑がかった黄色である。ニシインドバニラの原産地はメキシコや南米北部だ。バニラ（学名*V. planifolia*）に似ているが、こちらの葉のほうが長く幅も広い。地元住民はラ・バニラ・バスタルダと名づけ、この特別な蔓植物には他の蔓植物を守る特別な力があると考えた[5]。タヒチアンバニラ（学名*V. tahitensis*）の花と同じように、ニシインドバニラの花も緑がかった黄色で、種はおもに香料や医薬品に使われる。

◉バニラの栽培

バニラを栽培するためには、21～32℃の温度と80パーセントの湿度が必要だ。栽培地の標高は0～950メートル以上と幅広い。土壌は水はけがよく、有機物が豊富で、水素イオン指数（pH）は6～7でなければならない。また、強い日光をさえぎるための木（保護木と呼ばれる）が不可欠なことも多い。日光は、葉焼けを防ぎつつも東から充分に降り注ぐ場所が理想的だ。土壌の栄養分がバニラにしっかりいきわたるように、雑草もまめに除去する必要がある。メキシコのベラクルス州トトニカパンの街では、地元で「ピチョコ」あるいは「コクィート」と呼ばれる木がバニラの弱々しい若木を守るための保護木としてしばしば使われる。トウモロコシやバナナが保護木に選ばれることもある(6)。マダガスカルでは、大きく広がる枝と青々と茂る葉が特徴のオーストラリアマツが保護木として好まれる。

バニラは繊細な植物なので、生育を妨げかねない多くの困難が栽培にはついてまわる。たとえば、さび病にかかると、葉の裏側にオレンジ色に近い黄色の斑点が現れ、やがて蔓全体が枯れてしまう。水をやりすぎたり水はけが悪かったりすると、根や茎を攻撃する菌類が発生する。なかでもフザリウムという菌は、蔓のあらゆる部位にはびこる。この真菌は、バニ

木にからみついて育つバニラ（学名 *Vanilla planifolia*）

ラの商用生産が始まって初めて発見され、認識されるようになった。炭疽病《たんそびょう》や潰瘍が発生すると、黒っぽい斑点や亀裂が生じ、収穫量が最大50パーセント落ちる可能性がある。

メキシコのベラクルス州東部では、南北アメリカや中国北部、そしてヨーロッパ固有のチンチェ・ロホ・イ・ネグロことアカホシカメムシをはじめとする甲虫やイモムシがバニラを食べて、バクテリアに感染させる。するとバニラの葉はしおれ、やがて腐敗する。

自然の生育環境では、バニラの蔓は樹冠［樹木の上部の枝や葉が茂っている部分］まで這いのぼることができる。24メートルの高さまで成長することもめずらしくない。バニラの茎はぷっくりした多肉茎で、そこから葉の反対側の空中に気根と呼ばれる根を伸ばし、他の木にしっかりとしがみつく。葉は明るい緑色で光沢があり、幅は広く平らだ。葉の軸は短く、茎からななめに茂る。

若いバニラが初めて花をつけるのは3年目で、1年に1回、1〜2か月間開花する。20〜30個ほどのつぼみが房状につき、花は密集して咲く。バニラの花にはふたつの部位がある。ひとつは花粉をつくる雄しべ、もうひとつは子房も含む雌しべだ。毎日約15〜20の花が順繰りに連続で開花していく。花が開くのは早朝で、寿命は短くわずか1日しかもたない。

ティム・エコットは著書『バニラ：アイスクリーム・オーキッドを探す旅 *Vanilla: Travels*

in Search of the Ice Cream Orchid』で、つぎのように述べている。

小さな種が花の内部いっぱいにできると、小型のハチが寄ってきて自然受粉が始まる。ねばつく花粉の塊は、小嘴体《しょうしたい》の上にある。小嘴体とは、厚みのある舌弁組織で、雌しべの先端の潤いのある柱頭の上にふたのように覆いかぶさっている。ハチがバニラの花にもぐりこむと、小さな花粉の粒がハチの脚や翅に付着する。ハチが食料集めを続けているあいだに、その花粉が別の花へ運ばれる仕組みだ。(7)

メキシコや中央アメリカでは、シタバチや小型の昆虫が自然受粉を担っている。通常のハチは、大きすぎて小さなバニラの花のなかには入れないためだ。

開花が始まると、バニラ栽培農家は毎日ようすを確認しなければならない。というのも、わずか12時間ほどですべての花を授粉させなければならないからだ。授粉シーズンは栽培地によって異なるが、9月中旬~12月中旬までの6週間~2か月続く。作業員が人工授粉を行うときは、最初に花を切り開き、小嘴体と柱頭をむきだしにして、さらに小さな薄いスティックや楊枝で分離する。それから雄しべの先端の葯《やく》を引き抜き、雌しべの柱頭にそっと花粉を押し当てると、花粉が子房に到達して実を結ぶために必要な受粉が完了する。

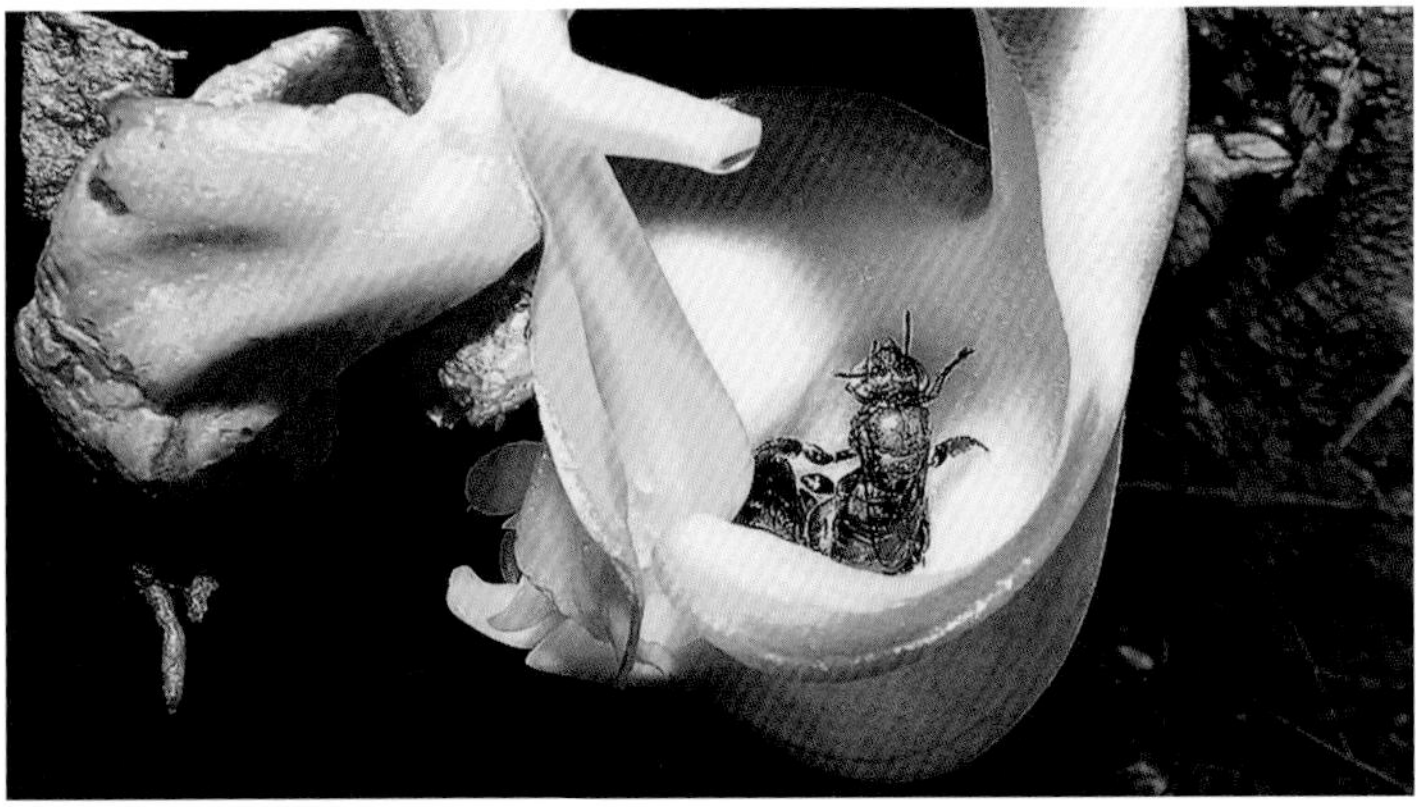

授粉を担うシタバチ。ブラジル、バイア州

楊枝でバニラの花を開く作業

こうして蔓上の花が受粉したら、バニラの実は4～8週間で最大の長さに成長する。しかし、完全に熟すにはさらに9か月かかる。自然界では、蔓の上に放置された莢は下側の先端から黄色くなり始め、野生種のアーモンドのような芳香を放つ。それから莢は大きさの違うふたつのパーツに裂け始め、茶色や赤みがかった黒っぽい色で樹脂系の香りのするオイルを少量分泌する。その後莢はゆっくりと黒ずんでいき、やがて全体が真っ黒になる。表面はやわらかくなり、ついにおなじみのバニラの香りを持つようになる。中南米のバニラ農家は、熟した莢や、キュアリング［未熟な莢を加温し、ゆっくり乾燥、熟成させる工程］を経た莢からしみ出すオイルを集め、肌や髪にぬるそうだ。(8) これは、農家の人々が耐え抜いた収穫時期の過酷な肉体労働に対するささやかなご褒美と言えるだろう。しかし、その他の国ではオイルを容器に詰め、「バニラ・アブソリュート」というラベルを貼って販売している。

さて、実がなったあとも、バニラ農家の人々は毎日の確認を怠らない。鋭いナイフを使って実を摘み取る農場もあれば、親指と中指で器用に蔓からはずす農場もある。栽培農家で収穫するのは、長さが約15～25センチの香味のない緑色の実だ。この場合、完了まで数か月を要するキュアリングを経て初めて、バニラの莢は暗褐色になり、しわが生じて香り立つようになる。驚くべきことに、バニラの実にはタンパク質、糖分、セルロース、蠟、樹脂、ゴム、タンニン、ミネラル、これらすべてが含まれている。

息子を背負ってバニラの莢を確認するマダガスカルの栽培農家の女性

◉加工処理

キュアリング中に、バニリンと呼ばれる化合物の細かな結晶が莢の外側と内側に生成される。バニラと呼ばれるあのすばらしい風味と芳香は、バニリンから生まれるのだ。食品科学者はその香りを「甘い、樹脂系の香り、ナッツのよう、ほこりっぽい、スモーキー」などと表現するが、この例はほんの一部だ。(9) キュアリングにはさまざまな方法がある。たとえばメキシコやマダガスカルでは莢を天日干しにする。これは実の熟成工程を完了させるには理想的な方法だ。一方ジャワ島では、莢を燻煙する。この手法なら、莢はむらなく均一にキュアリングされ、莢の割れも最小限におさえられる。このように莢の水分を取り除いて乾燥させる手法を使うと、水分は最大80パーセント失われる。

その後、莢は草のむしろに慎重に並べられ、毎日日光に当てられる。これは最低2か月間続くが、さらに長いこともある。最終的に莢は屋内に移され、そこで充分に乾燥させてから、地元の仲買人を経由して国際企業へ売られていく。

メキシコでは、完璧な莢の生産にはざっと見積もって5～6か月かかるが、この期間はバニラを栽培する国や地域によって異なる。栽培地ごとに独特なキュアリング方法を用いているためだ。たとえばメキシコの場合、植物としての活動を停止させるためのキリングという

莢の熟成過程。左端の緑色の莢は未熟。左から2番目と3番目は黄色みがかって熟し始めている。4番目は熟している状態。5番目は熟成が進み過ぎて莢が割れ、黒ずみ始めている。

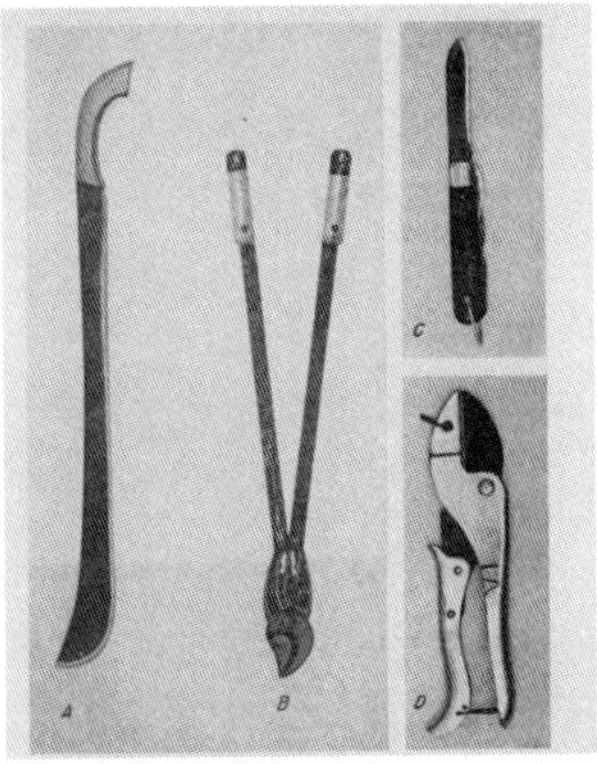

バニラの蔓を切るための道具

蔓になる緑色のバニラの実

加熱処理をオーブンで行うことがある。木箱に敷いたヤシの葉の上に莢を並べ、木箱ごと24〜48時間のあいだオーブンに入れるのだ。その後オーブンから取り出された莢は、ひと回り大きな箱に移され、熱を保つためにヤシの葉をかぶせられる。これで水分が外ににじみ出てくる。ここからさらに18〜24時間オーブンに入れる。サン・キリングはメキシコで用いられる工程に非常によく似ているが、違いは莢をオーブンに入れるかわりに1日に3〜4時間天日干しにする点だ。

一方マダガスカル島やレユニオン島のキュアリングでは、莢を大きなバスケットに入れて熱湯の鍋に2〜3分漬ける方法が用いられる（熱湯で莢の熟成がいったん止まる）。インドネシアでは、莢を焚火にくぐらせる。この方法では、キュアリングに要する期間は数週間で、よりスモーキーな香りや風味も加わる。

これ以外にも注目すべき工程がいくつか存在する。そのひとつ、凍結法では、莢を液体窒素に浸したり、0〜マイナス80℃の冷凍庫に数時間入れたりする。一方ポティエ・プロセスは、非常に費用がかかる技術なので広く浸透しているとは言えない。この加工では莢を20〜30日間ラム酒に漬け、その後24〜36時間日光に当てて乾燥させる。それから莢を束ねて、最初に漬けていたのと同じラム酒に漬けて船積みするのだ。このポティエ法のリスクは、乾燥の工程が不完全だった場合、莢がかびくさくなり商品価値がなくなることだ。しかし、リス

天日干しされるバニラの莢

バニラ・モヒート

レユニオン島でキュアリングされた籠入りのバニラの莢

クを冒さなければ大きな報酬も得られない。

キュアリング直後の莢は、乾燥させ、コンディショニング［芳香成分を引き出すための熟成工程］しなければならない。乾燥のおもな方法は、棚に広げるラック乾燥だ。その後バニラの莢はコンディショニングに回され、品質による仕分けが繰り返される。莢をまっすぐにするために、指のあいだを通すようにして引っ張る作業も必要だ。莢は約50本ごとに束ねられ、ワックスペーパーで包まれて、内側に同じくワックスペーパーを張った金属製の選定箱に入れられる。この工程には約3か月かかる。莢は、等級や生産国ごとに梱包される。選別の際、見た目は重要な要素ではない。もっと重要なのは、水分量とバニリンの含有量だ。ついに市場へ出る前に、莢は色、大きさ、光沢、水分含有量、そして傷の有無によって等級ごとに分けられる。この等級システムは、生産国ごとに異なる。地元の市場で一般的に目にするふたつの主要な等級は、「A」や「B」だろう（これについては第7章で詳述する）。

このように、バニラのすばらしい香りを生み出すことは、一筋縄ではいかない。実際のところ、人のライフサイクルにたとえることもできる——種と授粉から始まり、実がなるのに時間がかかり、そうしてようやく熟して最後の目的地であるわれわれのパントリーへたどりつくのだ。じつはバニラの歴史はわたしたちの歴史でもある。なにしろこの野生の香りは、今日わたしたちを魅了し続けているのと同じように、過ぎ去った時代の王や女王をも魅了してきたのだから。

第2章 ◉ 歴史と起源

バニラの物語の始まりは、約７０００万年前にさかのぼる。[1] バニラは、南米を貫くアンデス山脈の東側斜面の湿度の高い低地熱帯林や、ギアナ地方［南米北東部の海岸地帯］、ブラジル北東部、そしてカリブ海地域で生育していた。こうした地域ではバニラの蔓に実がなるが、これ以外の地域では花しかつけないことが17世紀頃に発見された。ごく最近まで、バニラの授粉はハリナシバチが担っていると信じられていた。しかし新たな研究によって、メキシコや中米だけに生息するシタバチがもっとも重要な送粉者［植物の花粉を運んで授粉させる生物］のひとつであることがわかった。

森の地面に落ちているバニラの莢を発見した現地の人々は、そのしぼんだ黒い莢に興味を持ち、なんとか利用できないかと考えたのだろう。じつは１５２１年にスペインがメキシコを征服する２０００～３０００年も前から、彼らはバニラを薬として使っていたのだ。さまざまな薬草と混ぜることも多かった。莢を細かくすりつぶし、マツのような良い香りの

『食品百科事典 *Encyclopedia of Food*』に掲載されたバニラの蔓のカラー挿絵（1923年）

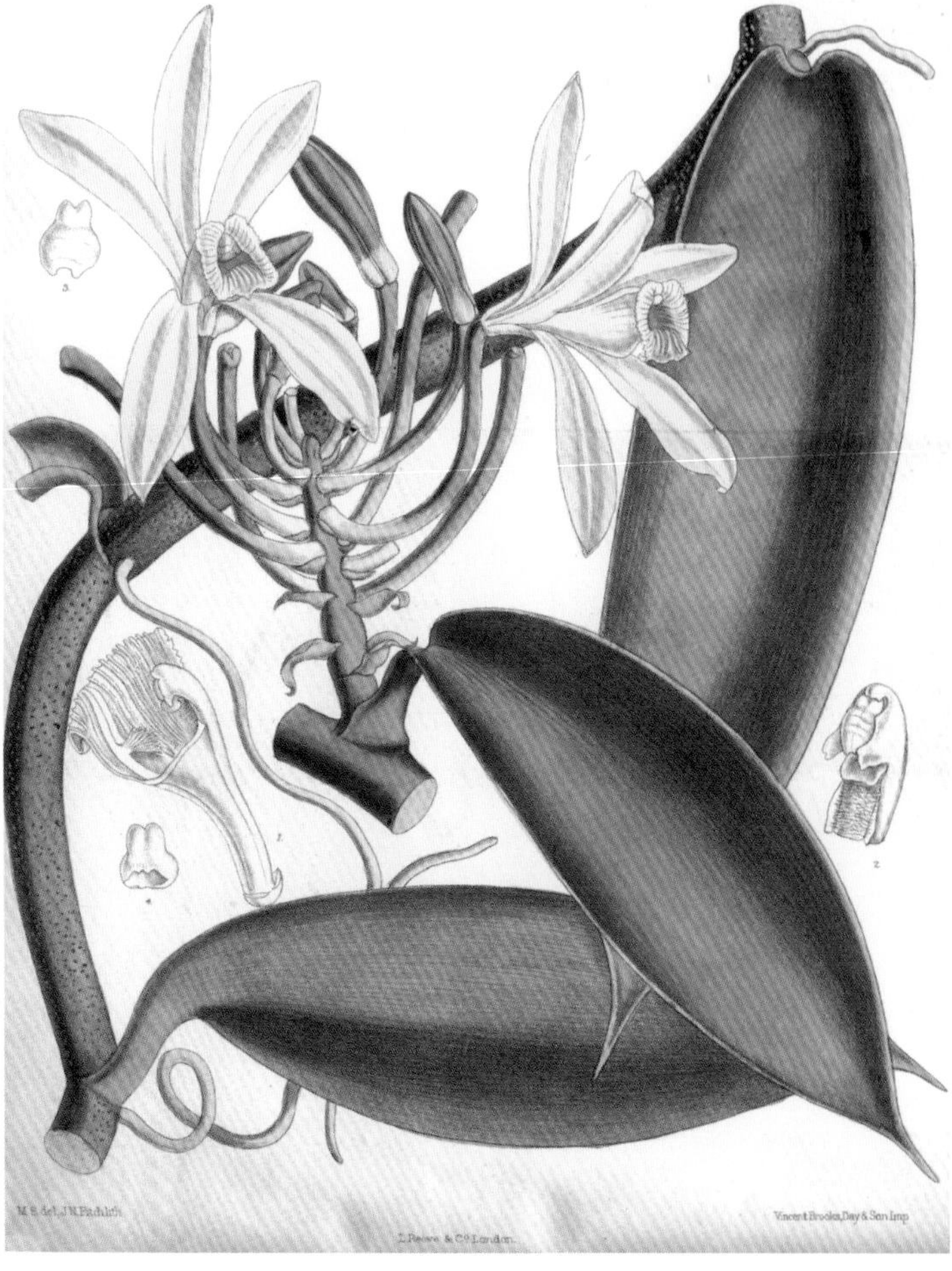

『カーティス・ボタニカル・マガジン *Curtis's Botanical Magazine*』に掲載されたジョン・ニュージェント・フィンチによるバニラ（学名 *Vanilla planifolia*）の各部（1891年）

バニラの莢

するコパル・ツリーから採取した乾燥樹脂、コパルと混ぜ、儀式の際に神殿の香りづけのためのお香として使うこともあった(2)。

19世紀初頭になると、メキシコのパパントラという町でバニラ栽培が成功した。パパントラはその後バニラ生産の中心地となる。バニラ栽培には、トトナコ族、マヤ族、マサテコ族、チナンテコ族といった多くのメキシコ先住民族の文化が関連している。彼らの共同体は互いに生活圏が近く、交流や交易があった。そのためバニラの利用や栽培は、長い時間をかけてメソアメリカ文化全体に広まった。

勇猛果敢で知的な一族の末裔というプライドは、メソアメリカの先住民であるオルメカ族、トルテカ族、マヤ族、トトナコ族、アステカ族の特徴だった。彼らの祖先は、生存に不可欠な食べ物や飲み物の栽培の仕方や調理法、味付けの記録を残している。それぞれの文化がどのようにバニラを使ったのか、さらに詳しく見ていこう。

◉メソアメリカの文化

オルメカ族は、紀元前1150年頃に現在のメキシコのベラクルス州とタバスコ州に当たる地域に定住していた。彼らの文明はメソアメリカ初の高度なもので、メキシコの「母な

オルメカ族のベンチに座る人物の彫像。紀元前5〜2世紀。石彫

る文明」と考えられている。原始的な道具に頼って生き延びた当時の他の種族に比べると、オルメカ族は技術革新がずば抜けていた。なにしろ都市計画や絵文字も考案していたのだ。巨石を使った人間の頭部の彫像が有名で、雨の神であるジャガーをかたどったヒスイの小さな彫り物も知られている。トウモロコシとカカオは、彼らが栽培品種化した作物の例である。トウモロコシと唐辛子で作った飲み物は「アトレ」と呼ばれ、バニラで風味づけされていた。じつは考古学者は、バニラを香料として使った初めてのメソアメリカ民族はオルメカ族かもしれないと考えている。最終的にオルメカ帝国は紀元前４００年頃に消滅したが、その原因はわかっていない。

一方、その名に「葦《あし》の民」という意味を持つトルテカ族は、メキシコ北部から移動してきた。(3) 彼らが築いた強力な文明は10～12世紀まで続き、アステカ文明誕生以前のメソアメリカに存在した偉大な文明のひとつとみなされている。トルテカ族はメキシコ中部のはずれに定住し、大西洋側のベラクルス州やタバスコ州へ広がる帝国を築きあげた。武勇に秀でた人々で、武器生産の中心地にしてもっとも有名な町トゥーラ（別名トーラン）では、職人が緑色や金色の火山ガラスから鋭利な道具や武器を作りだしていた。トルテカ族が富を築いたのは、農業や商業の成功はもちろん、征服した相手から徴税したためでもある。また、トルテカ族は明けの明星と宵の明星を象徴する神、ケツァルコアトルを崇めていた。そのありのままの

メキシコの町トゥーラに残るトルテカ族の彫像

姿は白い肌にひげをはやした人間で、まるで貴族にそっくりだ（一方、アステカ族に伝わるケツァルコアトルの姿は、羽毛のはえた蛇だ。風と雨の神であり、世界と人類の創造主でもあった）。トルテカ族の民間伝承によると、この貴族は人間とともに20年間暮らしたが、夜空の神テスカトリポカによって追放されたという。しかし、いつの日かケツァルコアトルが人々のもとに戻り、自身の正当な立場を主張するという予言が残された。

マヤ族は、紀元前1000年頃グアテマラからメキシコ低地へ移住し、メキシコ南東部から中米北部へ広がる帝国を築いた。400～600年には、よく知られたチチェン・イツァの町をユカタン半島に建造している。マヤ文明は社会的、政治的大混乱のために徐々に崩壊へ向かったが、マヤ族は進歩的社会を構築し――天文学者や数学者、アーティスト、建築家もその一員だった――後世に文化的貢献を果たしたことで知られている。暦や占星術システム、マヤ文字と言われる書き文字の発明はその好例だ。彼らの社会は明確な階級社会で、エリート階級、その下には司祭、兵士、陶器職人、織物職人、商人が属する中間階級、そして奴隷や農夫を含む下層階級が存在した。(4) 経済は都市国家の発展に負うところが大きく、それぞれの都市国家はきちんと整備された交易ネットワークで結びついていた。食事はトウモロコシ、カボチャ、唐辛子、豆類、そしてコショウが中心で、香味づけのためにバニラをしばしば使った。

アスンシオン教会のトトナコ族の壁画。ベラクルス州パパントラ

紀元600年頃、メキシコ南央部の湾岸低地に定住したメソアメリカの部族が、トトナコ族だ。彼らはテコルトラ川付近のいくつもの丘に小さな村をつくって暮らし、その土地に自生していたバニラに夢中になった。そこでバニラを日常生活のさまざまな場面に取り入れ、文化的アイデンティティの中心に据えたり、神の植物として崇めたりした。数世紀にわたって何世代にも受け継がれてきた口頭伝承から、トトナコ族とバニラの関係がわかる。

ツァコポンツィーサ王女とカタン＝オクスガ王子は、悲運の恋人だ。ある日ふたりは、ツァコポンツィーサ王女が仕えていたパパントラ近郊の壮麗な神殿から連れだって逃げた。しかしおそろしい獣に遭遇し、戻らなければ殺すと脅された。ふたりが神殿へ戻ると、怒りくるった司祭がふたりを殺した。そして心臓をえぐりだして遺体を近くの渓谷へ投げ捨てた。まさにその場所に、1本の木が奇跡のように根を張って大きく茂り、そこにバニラが蔓を巻きつけて育っていった。司祭や人々は、バニラの香り高い花と期待をかきたてる実は、殺された王子と王女の血から生まれたのだと考えた。(5)

バニラがトトナコ族の人々にとってこれほど重要な意味を持っていたのは、当然のことだろう。というのも、歴史的にトトニカパンと呼ばれる彼らの支配地域は現代のベラクルス州

太陽、戦い、人間のいけにえの神、ウィツィロポチトリ

内にあり、バニラ自生地の中心部に当たるのだ。なかでもトトニカパン地域のエル・タヒンとパパントラは歴史的に重要な町で、どちらもトトナコ族のアイデンティティの中核と言える。彼らは今日にいたるまでベラクルス州のプエブラ、パパントラ、ヒダルゴの町の共同体で暮らしている。

トトナコ族は、メソアメリカでもっとも大きな都市のひとつ、エル・タヒンを継承し再建した。一方世界を香らせる町と呼ばれてきたパパントラは重要なバニラ栽培地であり、現在も変わらずトトナコ文明の中心地である(6)。トトナコ族とバニラの関係は、畏敬の念と実用性が入り混じったものだった。その遺産は現在も町の青空市場に生き続けているので、そこへ行けば現地の人々がバニラの莢で作った小さな飾り籠や動物の人形、装飾品がいつでも見られる。トトナコ族の文化が現代のバニラの使い方にいかに深く根差しているかを充分に理解するためには、初夏にパパントラを訪れ、スペインによる征服以前から存在する年に1度のバニラ・フェスティバルを体験するといいだろう。

メソアメリカでは、巨大文明が興亡を繰り返したが、なかでももっとも異彩を放っていた有名な帝国のひとつがアステカ帝国だ。「かつてはメシカ、あるいはテノチカと称されたアステカ族は、どうやらナワ族のなかのわずか1万人ほどの集団だったようだ。伝説によると『ハチドリの達人』にして太陽、戦闘、狩猟を司るウィツィロポチトリを部族神として祀っていた」(7)。ローマ帝国と同じように、アステカ族は他の文化を吸収し、その特徴や象徴の多くを自らの文化に取り入れた。アステカ族以前のその地の住人は、大半が狩猟民族や植物を食料にする採集民族だった。彼らは定住するにつれて、トウモロコシや豆、アボカドといった植物を食料にし始めた。

アステカ族は、1248年頃に多くの湖がある地方へ移住したと考えられている。部族神であるウィツィロポチトリから故郷を去るようにというお告げを受けたためだ。アステカ族が戦いの末に手に入れた町テノチティトランは、神殿や神官の学校、宮殿、日干し煉瓦でできた住居や市場などが立ち並ぶ近代都市に発展した。町はテスココ湖の島にも広がった。伝説によると、このアステカ族の移住者の一団は、サボテンの上でヘビをむさぼり喰うワシにでくわしたらしい。羽毛のはえた大蛇の神、ケツァルコアトルがワシに姿を変え、ヘビをくわえながらサボテンに舞い降りたのだ。これも言い伝えだが、ウィツィロポチトリはワシのいる場所をみつけたらそこで暮らすようにと人々に告げていたという。そのためメシカの人々は、世界でもっともすばらしいともいわれるこの湖に舞い降りたワシは、湖周辺に根を下ろせというサインだと受け取った。これがアステカ帝国の始まりである。

アステカ族は近隣の民族すべてを統治した。そのうちのひとつ、トトナコ族は、先に言及したようにバニラ栽培に非常に長けていた。そのためアステカ族は彼らを支配下に置くと、バニラをアステカ族のためだけに作るよう要求した。

◉新世界

１４９２年8月3日、クリストファー・コロンブスがアジアへの最短航路を探すためにスペインを出港した。しかし、同年10月12日に到達したのは海図にない島々だった。それが現在のアメリカ大陸である。コロンブスは航海に際し、ヨーロッパのさまざまな品を船に積んでいた。そして帰路ではその未知の島や大陸から多くの品々を持ち帰った。これがいわゆる「コロンブス交換」の始まりだ。コロンブス交換とは、東半球と西半球のあいだで現在も続くさまざまな物品や思想などの交換であり、１９７２年に歴史家のアルフレッド・クロスビーが提唱した造語だ。バニラがヨーロッパに運ばれたのは16世紀で、最初はチョコレートの香料として使われた。

比較的短期間で、スペイン人はカリブ海一帯にいくつもの定住植民地を確立し、それとほぼ同時に現地の人々を奴隷にした。当時のキューバ総督ディエゴ・ベラスケスは、ユカタン半島にはすばらしい富が眠っているとの一報を受け、「エンコメンデロ」のエルナン・コルテスを遠征隊隊長として送りこんだ。当時先住民の勢力を打ち破ったスペイン人入植者には、

コルテスとモンテスマ2世の対面を描いた1900年の本の挿絵

褒賞システムがあった。先住民をキリスト教に改宗させることを条件に、彼らを奴隷として使用しその土地を統治することをスペイン王室から委託されたのだ。それが「エンコミエンダ制」であり、その委託を受けた者が「エンコメンデロ」だ。「エンコミエンダ制」は、強制労働を強いられた先住民の血と汗なくしては成立しなかったのである。コルテスは旅の途上でヘロニモ・デ・アギラールに出会った。船の難破後にユカタン半島に上陸していた同じくスペイン人だ。アギラールは地元の言語を覚え、地元民とも親しくなっていた。やがて地元民はコルテスとも親交を持つようになる。コルテスは、テノチティトランへの進軍はやめるよう警告を受けたにもかかわらず、行軍を続けた。その結果、先住民の共同体のあいだで争いがあることを知った。1519〜1521年の3年にわたり、コルテスはアステカ族を相手に血で血を洗う戦いを続ける。コルテスが現れたとき、トトナコ族とトラスカラ族は残虐なアステカ族から逃れるチャンスと考え、彼と同盟を結んだ。なにしろアステカ族は、いまだに血に飢えた神々を鎮めるために、人間のいけにえを捧げる儀式を行っていたのだ。

多くの文書では、アステカ族は白い肌のコンキスタドールことスペイン人征服者を神とみなしたと語られている。馬や大砲、ピストルなどの小火器を目にするのももちろん初めてだった。このような解釈は、スペインの歴史家フランシスコ・ロペス・デ・ゴマラの著書『西インド諸島全史 *Historia general de las Indias*』（1552年）が始まりだ(8)。しかし、歴史家

16世紀の『マリアベッキアーノ絵文書 *Codex Magliabechiano*』に描かれた、アステカ族の神殿に捧げられる人間のいけにえ

カミラ・タウンゼンドは、2003年の著書『白い神の埋葬：メキシコ征服の新たな視点 *Burying the White Gods: New Perspectives on the Conquest of Mexico*』で、「アステカ族は、無数の研究者が描いてきたようにスペイン人を神とみなしたことはなかった」と主張している。じつのところゴマラは、ニュースペインと呼ばれた西半球のスペイン領を訪れたことは一度もなかった。彼の話は著しく誇張されていた可能性が高いのである(9)。

多くの記録によると、アステカ族とその君主モンテスマ2世は、コルテス一行を贅沢な食事と贈り物でもてなしたが、最終的にコルテスに敗れ、メキシコはスペイン領とされた。このアステカ族に対する軍事作戦は、ベルナル・ディアス・デル・カスティリョによって詳細な記録が残されている。彼はアステカ族の文化についても数年かけて膨大な記録を書き溜めた。そして原稿を『メキシコ征服の真の歴史 *La Historia verdadera de la conquista de la Nueva España*』というタイトルで出版した。ディアスは、アステカ帝国征服には目撃証言があると請け合いたかったのだ。当時はまた聞きや間接的な情報に基づいた記録が数多く存在したからだろう。

バニラの莢はもともとショコアトルという飲み物に加えられていたことを最初に書き留めたのもディアスだ。ショコアトルとは「苦い水」を意味し、挽いたカカオ豆、唐辛子、トウモロコシで作る濃厚で香り高い、泡立つ飲み物だ。コンキスタドールはこの飲み物が気に入

根まで描かれた蘭（学名 *Serapias garbariorum*）。『ドイツ月刊植物誌 *Deutsche botanische Monatsschrift*』より（1912年）

らず、なぜモンテスマ2世が黄金のカップで1日に50杯も飲むのか理解に苦しんだらしい。おそらく、アステカ族はこの風変わりな混合物でスタミナをつけ、男性生殖能力を維持するために飲んでいたのだろう。実際モンテスマ2世の宮殿には、そういった欲求を満たすための妻が大勢いたようだ。

アステカ族の歴史上もっとも有名な人物のひとりが、マリンチェことドニャ・マリーナだ。現地ナワ族の女性で、アステカ帝国を滅亡させた張本人と言われることが多い。マリンチェはコルテスの通訳者兼仲介役で、スペイン人に献上された20人ほどの女性の奴隷のひとりだった。のちにコルテスの最初のこどもを産んでいる。なかにはディアスのように、マリンチェをヒロイン扱いする者もいたが、多くのメキシコの国家主義ライターにはずっと中傷されてきた。

スペイン人を白い神《ホワイトゴッド》とみなして歓待していたとき、王は町と神殿を彼らに見せよと命じた。王が催した歓迎の酒宴では、ニワトリ、シチメンチョウ、地元のキジや野生のカモ、ウズラ、イノシシ、ウサギ、野菜や果物が供された。しかし、あちこちの神殿を訪れたスペイン人は、主祭壇を埋めつくす人間の腐った心臓や祭壇を囲む壁にこびりつく血痕を発見して仰天した。スペイン人にとっては、モンテスマ2世と戦い、民衆をキリスト教に改宗させるための口実はそれだけで充分だった。

一方宮殿では、スペイン人はトトナコ族に注目していた。彼らはモンテスマが好む催淫性の飲み物の材料のひとつを栽培していた。

スペイン人はそれをバニラ（vainilla）と呼んだ。「ヴァギナ（vagina）」を意味するラテン語に由来し、「小さな豆の莢」という意味だ。さまざまな蘭はスペイン人にもなじみがあり、なかでも塊茎と呼ばれる地下の茎のふくらみを2個持つ地中海地方の種類に慣れ親しんでいた。しかし、実を結ぶ蘭はまったく知らなかった。トトナコ族はそれをザナトと呼び、アステカ族は黒い莢を意味するトリルソチルと呼んだが、スペイン人が「黒い花」と誤訳した。バニラは飲み物だけではなく、香料や、アステカの神々をまつる神殿のお香、解毒剤をはじめとする薬としても使われた(10)。

ベルナル・ディアス・デル・カスティリョの時代には、バニラの使用は記録されていない。アステカ族はバニラの使用を厳しく管理していたし、トトナコ族はバニラにかんする情報を進んで与えようとはしなかった。ただしこれは、フランシスコ会の修道士、ベルナルディーノ・デ・サアグンが1529年にメキシコに到着し、『ニュースペインの歴史 *La Historia general de las cosas de Nueva España*』、通称『フィレンツェ絵文書 *Florentine Codex*』を著す以前の話だ。サアグンがこの書物をアステカ族の言語であるナワトル語で書けたのは、メソアメリカの風習や宗教、日常生活について細部まで観察し、人々と交流を深めていたためだ。彼は地元の人々が日常的に行う治療法についてこう述べている。「血を吐く者は、ココアを飲めば治るだろう。ココアは、トリルソチルやウネイナカツリと呼ばれる香り高いスパイスと、チルテピンという種類の唐辛子をよく炒め、ウリと混ぜて作る[11]」

『フィレンツェ絵文書』が出版されたのは、サアグンのメキシコ到達から264年後のことだった。植物としてバニラに初めて言及したのは、フェリペ2世の侍医にして植物学者のフランシスコ・エルナンデス・デ・トレドである。彼はニュースペインへ赴き、新世界の動植物について研究するようフェリペ2世に命じられ、1570〜1577年までニュースペインで暮らした。その間に気づいたのは、土地の医者が「排尿を助けるため水に浸したバニラの莢を使っていることだ。また、メカスチートという種類の唐辛子をチョコレートドリンクに入れて堕胎も促していた。（中略）女性特有の病を癒し、ガスで張った腸を復調させるためにもバニラを使っていた[12]」。最終的にエルナンデスは『新大陸薬草目録 *Rerum medicarum Novae hispaniae thesaurus*』を著した――1607年に出版された6冊シリーズで、3000種類の植物のイラストとその薬としての用途が記載されている。

マルティン・デ・ラ・クルスという洗礼名を持つアステカ族の医師も、薬草にかんする原

ベルナルディーノ・デ・サアグンの薬草にかんする原稿。『フィレンツェ絵文書 *Florentine Codex*』第6巻、195ページ

稿をまとめている。それはファン・バディアーノによってナワトル語からラテン語へ翻訳された。1552年の出版時のタイトルは『土着の薬草にかんする論文 *Libellus de medicinalibus Indorum herbis*』だったが、のちに『クルス＝バディアーノ写本 *Codex de la Cruz-Badiano*』と改題された。もとの手稿は、最終的に1939年に出版されるまで私有化が続いた。その間に数回所有者が変わったが、なかでも注目に値するのはバチカン図書館だろう。教皇ヨハネ・パウロ2世はこの特殊な本の価値に気づき、メキシコの人々へ返却すべきものと判断した。こうして1990年、オリジナルの原稿はメキシコ政府に返還され、現在はメキシコ国立人類学歴史研究所が所蔵している。

◉ヨーロッパ

バニラの利用方法は、17世紀初頭からヨーロッパでも進化し続けた。植物学者にして園芸学者でもあったカロルス・クルシウスことシャルル・ド・レクリューズは、女王エリザベス1世お抱えの薬剤師、ヒュー・モーガンからバニラの莢を手に入れ、それについて記録した。クルシウスはバニラをロブス・オブロンガス・アロマティカスと命名した。香りのある長方形の葉という意味だ。エリザベス女王の治世も終わりに近づいた1602年、ヒュー・モ

戴冠式に臨むエリザベス1世の失われた肖像画の複製。1600年頃

ーガンはバニラを女王の食事の香味料として使うよう命じた。すると女王はすべての食事と飲み物にこの香り高い植物の莢を使うことを望んだという。バニラには催淫効果があり、不思議なことに健康促進にもなると信じたためだ。エリザベス女王は、性的技量を磨いて数多の恋人たちを満足させたかったのだとの説もあるが、ヴァージン・クイーンと呼ばれた女王にかんするこの仮説は立証されていない。エリザベス女王は当時もっとも影響力の大きい人物だったので、貴族や名家の多くの人々が彼女の自由な発想のファッションを模倣した。しかも女王は陽気で、生命力にあふれ、国を率いる情熱も持ちあわせていた。

18世紀の策謀家にして漁色家、ジャコモ・カザノヴァは、高貴な女性はもちろん、男女を問わず良いパートナーになりそうだと見込んだ相手と情事を重ねたことで有名だ。長身で、日焼けしたオリーブ色の肌に巻き毛という外見のヴェネツィア人で、もっとも俗世間とは縁遠い修道女でさえ誘惑できたという。カザノヴァは、自身の人生を『カザノヴァ回想録』［岸田国士訳。岩波書店。1988年］という自伝にまとめた。そのなかで異国の食べ物への飽くことのない食欲について語っている。彼の食べ物のオーダーでもっとも興味深いもののひとつが、ギリシャの町コルフで地元の菓子屋に頼んだ砂糖菓子だ。恋人のひと房の髪を、バニラ、セリ科のハーブのアンゼリカ、樹脂をイメージしたアンバーで風味づけしたものらしい(13)。

1658年、ウィリアム・ピソは、スペイン人によるバニラの利用法について書き残した。

エリザベート＝ルイーズ・ヴィジェ＝ルブラン作『バラを持つマリー・アントワネット』。
1783年。キャンバスに油彩

スペイン人のあいだではココアの風味づけにバニラを使うことは流行遅れになったが、フランス人はバニラをたいそう気に入ったようだ。そのため18世紀には、砂糖菓子やアイスクリームの香りづけにヨーロッパのどの国よりもふんだんにバニラを使うようになっていた。

フランス王ルイ14世も、バニラの甘い香りにつねに包まれていた。王の多くの愛妾のひとり、モンテスパン侯爵夫人は、花弁とバニラで香りをつけた水で入浴したらしい。ルイ16世のかの有名な王妃マリー・アントワネットは、抑えようのない生への情熱を抱えていた。パーティーが大好きで、贅沢品のために莫大な金を湯水のごとく使った。香水も好み、なかでも名門の調香師一族のひとり、ジャン＝ルイ・ファージョンの作品が大のお気に入りだった。アントワネットはジャン＝ルイにあらゆる気分に合う香りを創るよう求めたという。愛用品のひとつが「秘密の花園」で、原料はベルガモット、カルダモン、ジャスミン、お香、バラ、サンダルウッド、バニラ、パチョリ、アンバー、トンカ豆だった。(14)

◉アメリカ

バニラが北米で流行したのは、1785～1789年にかけてアメリカ大使としてフランスに赴任していたトマス・ジェファソンがバニラに出会ってからのことだ。ジェファソンは高収入ではなかったにもかかわらず特権階級のような暮らしぶりで、住まいはシャンゼリゼ通り、娘が通う学校は学費の高い女子校だった。専属の奴隷で人種の異なる両親を持つジェームズ・ヘミングスにもフランス料理の技を学ばせた。そのためヘミングスは、フランス料理とペストリー［玉子やバター、小麦粉等の材料を使って焼きあげる菓子類や料理］作りを習得した初めてのアメリカ人になった。今日バニラ・アイスクリームが食べられるのは、それを庶民に広めたジェファソンのおかげだが、実際にアイスクリームを作ったのはヘミングスである。

アメリカへ帰国したジェファソンは、フィラデルフィアの市場でバニラの莢を探したが、ひとつもみつからなかった。「ジェファソンは、パリ時代の私設秘書、ウィリアム・ショートに手紙を書いた。そしてバニラの莢を50本、新聞の束でくるんで送ってくれと頼んだ(15)」

バニラを北米の人々が口にし始めると、フィラデルフィアのアイスクリームは最高だというわさが広まった。バニラ・アイスクリームを世に広めたもうひとりのアメリカ人は、第4代大統領ジェームズ・マディソンの妻、ドリー・マディソンだ。マディソン夫人は数々の品位あるディナーの席で魅力的なホステス役をこなし、客人にアイスクリームをふるまった。

バス・オーティス作『ジェームズ・マディソン夫人（ドリー・マディソン）』。1817年頃。キャンバスに油彩

　このように注目の人物によって紹介されたバニラ・アイスクリームだったが、北米ではバニラが手に入りにくかったことと、その結果途方もない価格になったことが原因で、すぐさま大人気とはならなかった。そのような状況でバニラ製品が広く浸透するきっかけになったのが、主婦のお墨付きの家庭用レシピや、メーカーが自社製品用に出版する料理本だ。バニラの需要が高まるにしたがってさまざまな改良や工夫が進み、最終的により手ごろな製品が生みだされたのである。バニラの明るい未来はすぐそこまで迫っていた。

第3章◉バニラの輸出

　フランスとイギリスはバニラ栽培を今後に期待できる新たな投機的事業とみなした。当初バニラはヨーロッパの上流階級の人々だけが味わう贅沢品だった。そのためヨーロッパの植物学者は、バニラの地元栽培を視野に入れて熱心に研究を続けていた。バニラの最大の生産者であるトトナコ族はバニラの栽培方法に精通していたが、ヨーロッパ人にはそれを隠していた。ヨーロッパ人はトトナコ族の近隣の民族を奴隷にしたり皆殺しにしたりしていたので、トトナコ族は同じ運命に陥らないように、バニラの秘密を守ることで自らの価値を高め我が身を守ったのである。

　最終的にバニラの切り枝は、ヨーロッパを中心に各地で栽培することを念頭にメキシコから持ち出された。じつはヨーロッパ人は、ジャワ島やマダガスカル島、フランス植民地レユニオン島（元ブルボン島）といった熱帯地方でバニラ栽培を試みては失敗を繰り返していた。バニラの輸出はメキシコが２００年にわたって独占してきた歴史があるので、バニラの莢は非常に高価だった。１８１９年、ついに切り枝がレユニオン島でうまく育ち始める。しかしめったに花をつけず、実がなることはいちどもなかった。

一方イギリスでは、１８０７年、ロンドン西部パディントン地区のチャールズ・グレヴィル伯の庭園で初めてバニラの蔓が花をつけ、いくつか実を結んだ。ヨーロッパの園芸学者は、バニラの開花と結実の仕組みがわからず当惑した。その謎が解明されたのは、何年もあとのことだ。

リエージュ大学の植物学者にしてブリュッセル王立科学アカデミー会員でもあるシャルル・モレン教授は、さまざまな実験を行い結果を記録した。モレンは、バニラの花を詳細に調べたうえで、メキシコよりも高品質なバニラを作れると断言した。そして１８３６年、２年間の研究のすえに、花が結実するためには花をひとつひとつ授粉させる必要があることを突き止める。メキシコでは固有のハチやその他の生物が授粉を担っているが、バニラに受粉させることができるハチはメキシコ以外には生息していないためだ。このようにモレンはバニラの結実に必要な条件を明らかにしたものの、研究は未完のままだった。数年後に人工授粉の技術を実際に開発したのはエドモン・アルビウスである。

アルビウスは、１８２９年にレユニオン島サント・スザンヌで奴隷として生まれた。母親は彼を出産した後に亡くなっている。奴隷のため出生時には姓がなかったエドモンは、プ

ライムンド・デ・マドラーソ・イ・ガレッタ（1841～1920年）作『ホットチョコレート』。キャンバスに油彩

ランテーションのオーナー、フェレオル・ベリエ＝ボモンから植物について学びながら成長した。[1] 1841年、エドモンは、オーナーが22年間育ててきたバニラにふたつの実がなっていることに気がついた。なぜ結実したのか、フェレオルには見当もつかなかったが、花を開いて細い棒を差しこみ人工的に受粉させたというエドモンの詳細な説明を聞いて納得した。これにはレユニオン島の人々も驚いた。エドモンは島の他のプランテーションで働く奴隷たちに、自ら編み出した授粉方法を教えてまわった。せめてものお礼と思ったのか、フェレオルはエドモンを奴隷の身分から自由民に解放した。ヨーロッパの園芸学者たちが長年探し求めてきたバニラ結実の秘密を解き明かしたためだ。だが、言うまでもないことだが、エドモンがこの発見で金銭的利益を受けることはいっさいなかった。数百万ドルもの価値がある遺産を後世に残したにもかかわらず、エドモン・アルビウスは貧困のうちに亡くなっている。

この40年ほど前、博物学者兼探検家のアレクサンダー・フォン・フンボルトがメキシコやキューバ、のちにアメリカ合衆国となる一部の地域を含む中南米の探検を開始した。その地域一帯の植生分布を調べるためである。1769年に裕福で教育水準の高いプロイセンの一家に生まれたフンボルトは、自身の目的のためには金を惜しまず使った。その結果まとめられた『アメリカ紀行 *The American Journey*』の記録は示唆に富み、バニラとその生産技術をより多くの人々に広めるのに役立った。学者や研究者、大学教授、科学分野の講師が彼の

有栖川有栖氏推薦！「ポワロの回想録を読んでいる気分」

ポワロと私

デビッド・スーシェ自伝

デビッド・スーシェ、ジェフリー・ワンセル／小山正解説／高尾菜つこ訳

ミステリの女王アガサ・クリスティーが生んだ名探偵エルキュール・ポワロ。世界中で愛され続けているのは小説のすばらしさはもとより、ドラマの力が大きかった。ポワロ俳優として著者が過ごした四半世紀を余すところなく綴る。

四六判・2700 円（税別）ISBN978-4-562-07199-9

映画「グリーン・ナイト」11月25日全国ロードショー公開！

サー・ガウェインと緑の騎士 普及版

トールキンのアーサー王物語

J・R・R・トールキン／山本史郎訳

映画やゲーム、アニメなど様々なところで登場するアーサー王伝説の有名な物語を巨匠トールキンが翻案。1953 年に BBC ラジオで放送された幻の作品を収録した中世騎士道物語集。映画「グリーン・ナイト」の原点となった作品。

四六判・1300 円（税別）ISBN978-4-562-07226-2

朝日新聞国際発信部による英訳も掲載！

英文対照 天声人語 2022 秋［Vol.210］

朝日新聞論説委員室編／国際発信部訳

2022 年 7 月～9 月分収載。KDDI の通信障害／夏の第 7 波／国連の人口推計／戻り梅雨／選挙期間中の凶弾／教団と政治家／鉄路 150 年／巨額資金提供の疑惑／教団と悪評／爆心地の老木／旧統一教会との「ご縁」／ウクライナのおにぎり／本を手放す／ゴルバチョフさんを悼む／沖縄県知事の再選／五輪と電通／女王旅立つ／市民への招集令状／国葬の日に ほか

A 5 判・1800 円（税別）ISBN978-4-562-07177-7

楔形文字からピクトグラム、現代の企業ロゴまで

世界を変えた100のシンボル 上・下

コリン・ソルター／甲斐理恵子訳

このマークはなぜこういう形なのか、どのように生まれたのか？　本書はよく知られた 100 の記号、シンボルを整理し、それらの起源や作られた経緯などをくわしく見てゆく。アイデアの源泉となるヴィジュアル・レファレンス。

A 5 判・各 2400 円（税別）（上）ISBN978-4-562-07208-8
（下）ISBN978-4-562-07209-5

古今東西、人は移動しながら何を食べてきたのか。

冒険・探検・歩く旅の食事の歴史物語

エベレスト登山、砂漠横断、巡礼から軍隊まで

デメット・ギュゼイ／浜本隆三、藤原崇訳

太古から人が用いてきた移動手段、徒歩。未知の世界を歩くには食べ物が必要だ。登山家や探検家は綿密な計画を練り、軍隊のためには保存食が開発される一方、都市部ではスナックが簡単に手に入る。歩き旅の食事の多様性に迫る。

四六判・2300 円（税別）ISBN978-4-562-07200-2

好評既刊

鉄道の食事の歴史物語 蒸気機関車、オリエント急行から新幹線まで
ジェリ・クィンジオ／大槻敦子訳　**四六判・2000 円**（税別）ISBN978-4-562-05980-5

船の食事の歴史物語 丸木舟、ガレー船、戦艦から豪華客船まで
サイモン・スポルディング／大間知知子訳　**四六判・2000 円**（税別）ISBN978-4-562-05981-2

空と宇宙の食事の歴史物語 気球、旅客機からスペースシャトルまで
リチャード・フォス／浜本隆三、藤原崇訳　**四六判・2000 円**（税別）ISBN978-4-562-05982-9

誰も書かなかった「相互に浸透する」歴史

日本人と自衛隊

「戦わない軍隊」の歴史と戦後日本のかたち

アーロン・スキャブランド／花田知恵訳

自衛隊の歴史と事件を多数の証言とともにたどりながら、左右から反発を受けた「戦わない軍隊」が、いかにして日本社会に融和していったのか。気鋭の米国人日本研究者が問う「戦後日本のかたち」。

四六判・3200 円（税別）ISBN978-4-562-07222-4

安田菜津紀さん推薦！ テロリストは排斥されるべきモンスターなのか？

普通の若者がなぜテロリストになったのか

戦闘員募集の実態、急進派・過激派からの脱出と回帰の旅路

カーラ・パワー／星慧子訳

ヨーロッパやアメリカから IS などの武装勢力に参入した若者たち、その親、送還・逮捕された若者たちの更生に関わる人々に取材。なぜ宗教に関係のない若者たちがテロ組織に加わったのか。ピュリツァー賞、ナショナル・ブック・アワードのファイナリストによる注目作。

四六判・2500 円（税別）ISBN978-4-562-07203-3

郵便はがき

料金受取人払郵便

新宿局承認

779

差出有効期限
2024年9月
30日まで

切手をはら
ずにお出し
下さい

1608791

343

東京都新宿区
新宿一ー二五ー一三

（受取人）

株式会社
原書房

読者係 行

1608791343 7

図書注文書（当社刊行物のご注文にご利用下さい）

書名	本体価格	申込数
		部
		部
		部

お名前　　注文日　年　月　日

ご連絡先電話番号（必ずご記入ください）　□自宅（　　）　□勤務先（　　）

ご指定書店（地区　　）（お買つけの書店名をご記入下さい）

書店名　　書店（　　店）

帳合

7215

「食」の図書館 バニラの歴史

ローザ・アブレイユ＝ランクル 著

愛読者カード

＊より良い出版の参考のために、以下のアンケートにご協力をお願いします。＊但し、今後あなたの個人情報(住所・氏名・電話・メールなど)を使って、原書房のご案内などを送って欲しくないという方は、右の□に×印を付けてください。 □

お名前《フリガナ》　　男・女（　　歳）

ご住所　〒　　－

市　町
郡　村
TEL　（　　）
e-mail　＠

ご職業　1会社員　2自営業　3公務員　4教育関係
5学生　6主婦　7その他（　　）

お買い求めのポイント
1テーマに興味があった　2内容がおもしろそうだった
3タイトル　4表紙デザイン　5著者　6帯の文句
7広告を見て（新聞名・雑誌名　　）
8書評を読んで（新聞名・雑誌名　　）
9その他（　　）

お好きな本のジャンル
1ミステリー・エンターテインメント
2その他の小説・エッセイ　3ノンフィクション
4人文・歴史　その他（5天声人語　6軍事　7　　）

ご購読新聞雑誌

本書への感想、また読んでみたい作家、テーマなどございましたらお聞かせください。

シャルル＝フランソワ＝アントワーヌ・モレン（1807〜1858年）の肖像版画

調査結果を利用したのはもちろん、アマチュアの植物愛好家やまったくの素人も、彼の著書や記事のおかげでバニラをはじめとする目新しいエキゾチックな植物種を知ることになった。フンボルトはメキシコの沿岸を旅し、さらに進んで中南米に入り、自身と助手たちが遭遇した巨大なバニラ生産産業についてかなり詳細に——そしておそらく世界で初めて——記録した。

フンボルトがとくに感銘を受けたのは、現地で目にしたキュアリングと乾燥の工程だった。この地域で生産される大量のバニラが人工授粉の助けをいっさい借りずに作られていることには、畏怖の念さえ抱いたようだ。興味深いことにフンボルトは、スペイン人の文化的偏見が南米、とくにベネズエラのバニラ生産を妨げてきたとも考えた。イギリスやアメリカの商人は、これら南米の港で保存状態の悪いバニラの在庫品をたびたび目にしていた。フンボルトによると、スペイン人はバニラをさまざまな体調不良、たとえば消化不良や皮膚炎の原因と考えていた。そのため大好きなココアにもバニラを加えなかったため、中南米のバニラが現地のスペイン人にすら消費されることはなく、市場のほとんどが外国輸出用だったのだ。その後数十年間バニラ生産がメキシコのみに縮小したのはこれが原因である。

ラック上でキュアリング中のバニラの莢

◉バニラ入りの製品

科学の進歩による新技術のおかげで、18世紀末にはバニラはもっと入手しやすくなり、さまざまなソース、焼き菓子やパン、飲み物、アイスクリームの重要な原料になっていた。1847年、ボストン出身のアメリカ人化学者、ジョセフ・バーネットがバニラ・エクストラクトの作り方を開発した。これは薄茶色の液体で、莢のまま貯蔵するより輸送もしやすく日持ちもよかった。キュアリングした莢の香気の主成分であるバニリンは、1858年にフランス人生化学者、ニコラ＝テオドール・ゴブリーが初めて単離に成功した。バニラ・エクストラクトから結晶化させたのだ。1874年、ドイツ人科学者、フェルディナント・ティーマンとヴィルヘルム・ハーマンは、針葉樹の樹皮から採れるコニフェリンを使ってバニリンを合成する方法を開発した。1891年には、フランス人化学者、ドゥ・テールが丁子《ちょうじ》油［丁子から採れる精油。別名クローブ油］に含まれる香気成分オイゲノールからバニリンを抽出した。このような合成バニラは、石炭やタール［石炭や木材から得られる黒っぽいねばねばした物質］、一般的に製紙用に木材から作られる亜硫酸パルプの副産物であるリグニンからも製造される。合成香料が開発されたのち、バニラを使った商品を市販用に生産することが可能になった。その結果バニラはわたしたちの嗅覚や味覚を征服する機会を得たのであ

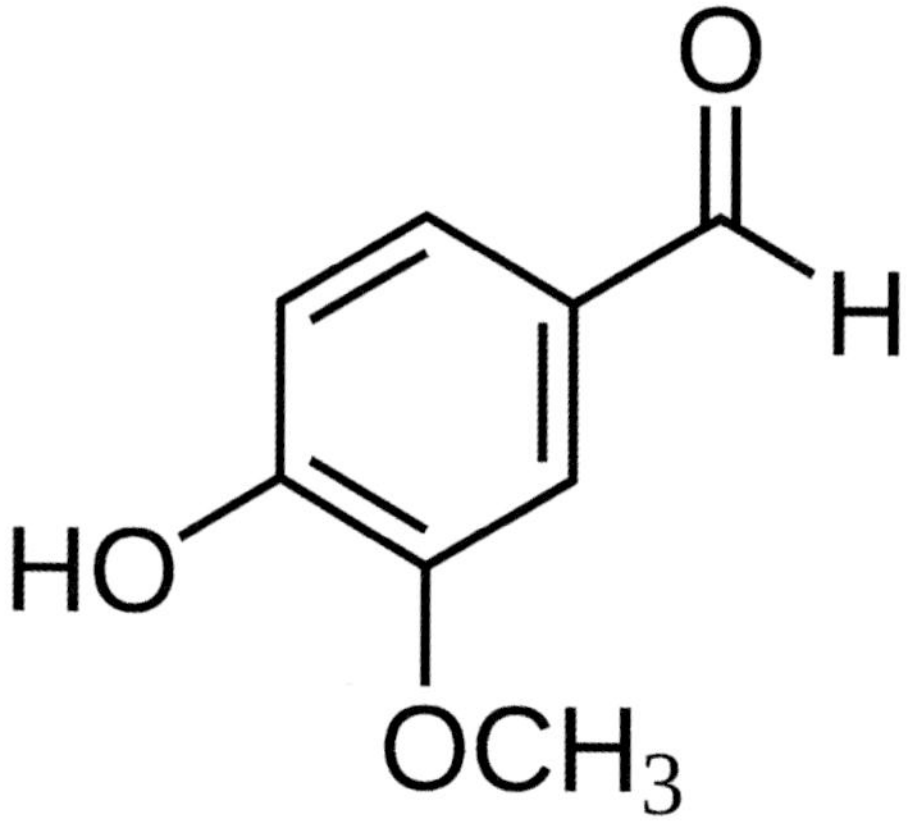

バニリンの構造式

る。

１８８６～１８９７年にかけて、ソフトドリンクとアイスクリーム業界が売り出したいくつかの商品がきっかけになり、バニラの需要が急激に高まった。砂糖価格が下落したおかげで、すでに市場には菓子生産者が作るありとあらゆる形や大きさ、味わいのチョコレート菓子があふれ始めていた。しかしバニラの使用量で菓子業界を大きく引き離し、最終的にバニラ利用を牛耳るのは、似通ったふたつの産業、つまり香水業界と製薬業界だった。

アイスクリームがアメリカに登場したのは、ソフトドリンクよりも１００年以上も前だった。そうはいっても、それが今日のような評判になるのは１８００年代半ば、つまりコカ・コーラ誕生のわずか数十年前のことである。１７４７年、バニラを使った初めてのレシピがイギリスの主婦にしてのちの王家のドレスメーカー、ハナー・

グラスの料理本に掲載された。グラスは著書『料理読本 *The Art of Cookery*』で、家庭の主婦にココアを作るときはバニラを加えるようにと提案している。(2) 1824年にアメリカの主婦、メアリー・ランドルフが出版した『ヴァージニアの主婦 *The Virginia Housewife*』という料理本には、北アメリカ初のアイスクリームのレシピが紹介されている。(3)

この冷たく甘いごちそうの熱狂的な流行を生む一助になったのは、またしてもバニラだ。人工授粉方法が発見されたために手ごろな価格になり、またたく間にアイスクリームで一番人気のフレーバーになった。

アイスクリームに続いて人気が高まったのは、ソフトドリンクだ。当初もっとも注目されたのは、抗マラリア薬として重宝されていたキニーネを含むトニックウォーターで、材料のひとつとしてバニラが加えられた。しかし、これはとくに斬新だったわけではない。メソアメリカの文明では、数世紀にもわたり薬草療法でバニラを使用していたのである。バニラは医師によってさまざまな心身の不調改善に処方されたが、1910年になると人が口にするのは危険とみなされた。

元軍人で薬剤師のドクター・ジョン・スティス・ペンバートンは、モルヒネの常用者だった。1865年のコロンバスの戦いで負った傷の痛みを和らげるために、モルヒネが欠かせなかったのだ。そこでモルヒネに代わる鎮痛薬として「ドクター・タッグルの合成キンバイソウ・シロップ」を開発した。[4] しかし成分に毒性があったため、高品質でより安全な「ペンバートンのフレンチ・ワイン・コカ」を生み出し、その後レシピを改良して1886年にコーラ・シロップと名づけた。

人工炭酸水は、1767年にイングランドのリーズのジョセフ・プリーストリーによって開発され、1810年にサウスカロライナの発明家シモンズとランデルがソーダ水の大量生産の専売方法の特許を獲得した。[5] 1859〜1883年には、香りづけしたシロップ入りの炭酸水を提供する店、ソーダファウンテンが徐々に広まった。そして1886年、ジョン・ペンバートンが友人のドラッグストアでコーラ・シロップを混ぜた炭酸水を5セントで売り始める。この飲み物は、ペンバートンの友人にして会計士、フランク・ロビンソンのひらめきでコカ・コーラと名づけられた。[6] コカ・コーラはまたたく間に大ヒットとなり、マーケティングの才に長けたビジネス界の大物、エイサ・グリッグス・キャンドラーの目に留まった。ペンバートンのコカ・コーラは、コーラ・シロップの医薬的効果に重きを置いていたが、キャンドラーはさらに抜け目なく、特徴的な甘い香りがセールスポイントだと考えた。ペンバートンは、亡くなる直前の1888年に会社の権利をキャンドラーに売却したが、その後この甘い混合飲料はキャンドラーの予想どおり市場を独占し始める。キャンドラーが最初に着手したのは、事業の拡大だ。そのためコカ・コーラのシロップを卸売業者に販売し

1890年代頃のコカ・コーラの広告

始めた。それを卸売業者がドラッグストアへ売る流れである。

ライバル社もコカ・コーラの成功に触発され、甘く魅惑的なバニラを使って似たような香りつきの炭酸飲料を開発し、独自のすばらしい味わいだと宣伝した。たとえば1885年に販売が開始されたドクターペッパーは、コカ・コーラ並みの人気を博した。そのおよそ10年後、ペプシコーラが市場に参入。ソフトドリンクの最高位を争うコカ・コーラとペプシコーラの壮大な戦いが始まり、それは現在も続いている。こうして炭酸飲料の種類や選択肢はどんどん増え、ソーダファウンテンやアイスクリーム・パーラーで提供された。そこは地域密着のドラッグストアと同じく、当時非常に人気の場所だった。

バニラ・フレーバーのシロップは、客に提供されるほぼすべての飲み物に加えられた。ソーダファウンテンでもっとも人気の高い飲み物のひとつが、香りづけした炭酸水にバニラ・アイスクリームを浮かべたフロートだ。ほかにも、さまざまな風味の「カウ（牛）」ドリンクも人気だった。ブラウン・カウにはバニラ・アイスクリームとチョコレート・シロップ、コーラ炭酸水を入れ、ブラック・カウには樹皮やリコリスの根等で作るアルコール分を含まないルートビアをベースに、バニラ・アイスクリーム、炭酸水を加える。ブラック・カウにはチョコレート・シロップは入れない。

ソフトドリンク産業はなぜ成功したのだろう？　砂糖たっぷりの甘くておいしい飲料が売

ソーダファウンテンに集う人々。20世紀初頭

れるのは当然という事実はさておき、それ以外の外的要因が大きな役割を果たしたのは間違いない。バニラの人工授粉方法がみつかったおかげでバニラの生産量が飛躍的に増えたこと、そしてバニラ・エクストラクトや合成バニラが開発されたことはその好例だろう。大規模なバニラ・プランテーションもラテン・アメリカやメキシコ、カリブ海諸国、そこからは遠く離れたインド洋の島々で発展した。需要に見合うほど生産が増えるにつれて価格は劇的に下がり、以前は裕福な人々限定の庶民には手の届かない商品だったバニラは、ポケットの数セントでほぼ誰もが買えるソーダ水に加えられるようになったのだ。

アメリカ人はバニラに夢中になり、アイスクリームやペストリーばかりではなく、チョコレート菓子にも熱中した。それは製造技術と人工授粉の進歩のおかげだった。ヨーロッパ、なかでもスイスとベルギーは、バニラ入りのチョコレートで有名だ。1905年、慈善事業家にして実業家のミルトン・ハーシーがペンシルヴェニア州デリー・タウンシップに工場を建設した。のちにキスチョコで有名になるハーシー社のチョコレート製造の始まりである。ハーシーはヨーロッパのチョコレート工場と競い合う覚悟だったが、実際世界規模でライバル関係になった。こうして生まれたハーシーのキスチョコは同社を代表する製品のひとつになり、いまもその地位を守っている。原料はミルク・チョコレート（砂糖、牛乳、チョコレート、カカオバター、ラクトース、乳脂肪、大豆レシチン、グリセロール、トウゴマの実や大豆油から作られる脂肪酸)、乳化剤、そしてバニリンである。現在にいたるまで、ハーシーは変わらずチョコレート製品を製造しており、原料も天然バニラへの切り替えに成功している。

第4章◉現代社会

第2次世界大戦以前、バニラの輸入と使用は先が読めない状況だった。そのおもな要因は１９３３年まで続いた禁酒法と、１９２９年にアメリカを発端に世界に広まった大恐慌だ。この苦境に加えて、異常気象や労働者不足によって生産も輸送も打撃を受けた。

海上輸送路は商品の種類を問わず輸出入にとってきわめて重要だが、大戦の開戦前から航行が難しくなり始めていた。戦争が激化するとすぐに、そうした輸送路は軍艦以外の民間船は航行不能になった。まず、インド洋内と周辺の航路閉鎖でヨーロッパへの船荷が止まり、アメリカが協力していたタヒチ産バニラの輸送も止まった。その後間もなく、枢軸国と連合国の軍艦が大西洋上にあふれ始めたため、その航路も同じく危険な状況に陥った。そのためアメリカはバニラをメキシコとカリブ海諸国に頼らざるを得なくなるが、それが悪戦苦闘するバニラ業界をあと押しする結果となった。

じつはアメリカでは、戦時の配給制限のためにバニラを自由に使うことができなかった。

豚や鶏などの食肉や日用品等、想像できる限りのあらゆる物資が不足していたのだ。こうした貴重な品々は海外へ送られ、その国の兵士の食糧にされていた。女性も男性の代わりに駆り出されて国内の労働を担っていた。菓子作りや料理を楽しむ贅沢な時間など、もはや主婦にも許されなかった。なんとか合衆国へ運びこまれたごく限られた量の天然バニラは、大量生産を行う大規模ペストリー会社や伸び盛りのアイスクリーム産業に独占された。しかしそれすら戦争が長引くにつれて減少していった。

この時期にふたつのおもしろい出来事が起こった。それはバニラの魅力が増しつつあることを裏付けたばかりか、将来的にアメリカの集合的文化や精神にバニラがしっかり根付くことも暗示している。まず、ワシントンDCの有力な政治家からの圧力を受けたアメリカ海軍が（バニラやチョコレートに飢えた数千人もの水兵の声もあり）、「水上アイスクリーム」製造施設を造ったのだ。この水上工場で製造した1日最大9000リットル（2000ガロン）ものアイスクリームは、兵士の士気を高めるために太平洋一帯の艦隊に輸送された。[1] また、小規模な工場もアメリカ陸軍によってヨーロッパの前線近くに造られた。

もうひとつは、ホステス・ブランズ社にまつわる出来事だ。個包装のケーキやペストリー製造で急成長中のホステス・ブランズは途方に暮れていた。数年前にコンチネンタル・ベイキング社からブランドを買収して以来、トゥウィンキーという軽くふわふわな（利益の出る）

第2次世界大戦中のロージー・ザ・リベッター［リベット打ちのロージー］のポスター。女性に労働力を補ってもらうために創作された。「わたしたちにはできる！」

スポンジケーキを製造していたのだが、中に入れるクリーム状のフィリングに使うバナナが戦時の配給制度によって不足し始めたのだ。(2) バナナ以外のさまざまなフルーツ・フレーバーを試験的に生産しては失敗と成功を繰り返したホステス社は、ついにバニラの香りのトゥインキーに行きついた。だがバニラは社内でもっとも人気の選択肢だったわけではない。ホステスの経営陣の多くは、オリジナルのバナナ・トゥウィンキーの代打にしてはバニラはあまりにも特徴がなく、退屈な香りではないかと懸念していた。すぐに手に入る人工バニラを使うと商品の品質や評判に傷がつくのではないかと案じる者もいた。実際、社内の懐疑論者はバニラ・フレーバーへの不信感を隠さず、バニラが社会に広まり受け入れられるには今後数十年はかかるだろうと述べていた。ところが新商品のバニラ・トゥウィンキーはあっという間に評判になり、現在も製造され続けている。ホステス社は、他の人気ブランド商品にもバニラを使い始めた。そのおよそ70年後、ホステス・ブランズは2004年と2012年の2度にわたって破産申請を行い、トゥウィンキーの生産を停止した。トゥウィンキー・ファンは伝説的な商品を奪われたのである。その結果アメリカ人消費者はトゥウィンキーが手に入らなくなることを恐れて在庫の買いだめに走ったが、翌年には生産が再開された。(3)

1945年、ようやく大戦が終わると、無数の人々がアメリカへ帰郷した。何年間もアメリカを離れていた多くの人々が、巨大な経済的、社会的変化の真っただ中に放りこまれた

フロスティング［砂糖やバター、玉子等で作るクリーム］仕上げのバニラ・カップケーキ

のである。男性が仕事に戻ると、戦地へ赴いた男性に代わって労働を担っていた女性たちは、以前のような主婦の生活を再開することを求められた。食品メーカーと、広告業の中心地ニューヨークのマディソン街は、この文化的な潮目の変化にいちはやく気づき、機に乗じようと準備を進めた。間もなく、気が遠くなるほど多種多様な食品をアメリカ各地の主婦が簡単に入手できるようになる。野菜の缶詰やＴＶディナーと呼ばれる冷凍のインスタント食品の誕生だ。そうした製品は栄養や味付けはもちろん、何より手軽さと効率が約束されていた。

しかし、この好調で活気あふれる新しい時代のなかで、消費者がごく最近の戦争を忘れ、もっと豊かで幸せな未来を迎えるために熱望したのは、ケーキや砂糖菓子、アイスクリーム、プディング等々の、どこかほっとできるデザートだった。しっとりふわふわのスポンジケーキや、卵黄や油を使わない軽い食感のエンゼルフードケーキがあちこちに出現し大流行したが、それ以上に売り上げを伸ばし、今後数年間どのようなデザートを作り販売すればよいかを明示したのは、個包装された加工菓子、プディング、そしてジェローと呼ばれるゼリー・ミックスの人気だった。現在もアメリカのスーパーマーケットのデザート棚の大部分を占めるピルズベリー、ダンカンハインズ、ジェローの各ブランドは、膨大な種類の甘い菓子をずらりと並べて消費者に提供する一方で、ほぼ毎日のように新製品を導入した。

バニラ風味の製品が急激に増えたのは、現在は広く浸透している商業用および家庭用の冷凍技術のおかげだった。これで冷凍の食品を効率的に製造し、店やスーパーマーケットや、最終的には家庭の冷蔵庫へ輸送することが可能になった。信じがたいことだが、大量生産のアイスクリーム製品がアメリカ各地に初めて配送されたのは、ようやく１９４０年代末になってからのことだ。さまざまな冷凍ケーキも各地の市場の冷蔵庫を埋めるようになった。このような冷凍冷蔵技術や輸送手段の進歩に伴い、ヨーグルトをはじめとするバニラ風味の乳製品も人気が高まった。

スーパーマーケットやセルフサービスの店が誕生し徐々に増えていくと、食品はますます便利に簡単に入手できるようになった。それらがアメリカやヨーロッパの日常生活に与えた衝撃は計り知れない。スーパーマーケットのコンセプトに勢いがついたのは１９３０年代だったが、市場を独占し小規模な食料品店やマーケットを押しのけ始めたのはそれから20年後だった。自家用車の利用や郊外の住宅が増えたこともこの変化に大きく影響した。このような買い物習慣の変化は、消費者にとってはおおむね歓迎すべき進化とみなされたが、小規模な食料品店や食材メーカーには大きな影響を与えてきた。また、スーパーマーケットは、購入されないまま消費期限が切れた食品を大量に廃棄しているとして、容赦ない批判にもさらされてきた。そこには腐りやすいバニラ製品も含まれる。

ファストフード・レストランやダイナーの急成長とその浸透も、バニラ人気と需要の高まりに拍車をかけた。急発展する戦後経済と大家族の組み合わせには勢いがあったので、食品業界やサービス業界は効果的にこれを利用した。それらの業界は、ファストフード・レストランの数を大々的に増やすことで難局に対応し、同時にいわゆる「ファミリー向け」のさまざまなタイプのレストランを量産した。夫とわたしは、暑い夏の夜に何度もいっしょに食べた濃厚でひんやり冷たいマクドナルドのバニラ・ミルクシェイクのことをよく思い出す。ニュージャージー・ターンパイクやガーデン・テート・パークウェイを車で走り、ハワード・ジョンソンの駐車場に入り、そのレストランの言葉にできないほど美味なバニラ・アイスクリーム・ソーダを頼むときのわくわくした気持ちも共有している。

大半のアメリカ人は戦後数年のあいだに生活が上向き、平均的な主婦は膨大な種類の食材を入手できるようになった。しかしそのために料理がかえって複雑でわずらわしいものになったことも事実だ。すると、つねに新たな流行をとらえようと目論む出版業界が料理本を出版し始めた。ターゲットは、育ち盛りのこどもたちやお腹をすかせて仕事から帰宅する夫のために食事を作る、途方に暮れた女性たちだ。先鞭をつけたのは『グッド・ハウスキーピング *Good Housekeeping*』、『ベティ・クロッカー *Betty Crocker*』、冷凍食品で有名な『バーズ・アイ *Birds Eye*』（出版社のバーズアイとは無関係）といったレシピ本で、数十もの小規模な出版社もこれに続いた。このような量産型の本の大半には、スーパーマーケットの食材を使

『ベティ・クロッカーの少年少女のための料理本 *Betty Crocker's Cook Book for Boys and Girls*』（1957年）の表紙。グロリア・カーメン画

った非常に伝統的で保守的なレシピが掲載されていたが、徐々にアメリカの店や家庭に浸透し始めていたエキゾチックな風味や材料を紹介する本もあった。その後数十年にわたり、料理を作る人に重要な影響を及ぼした本もある。たとえば、フランス人料理人、ルイゼット・ベルトール、シモーヌ・ベックとの共著で1961年に出版されたジュリア・チャイルドの『フランス料理術の極意 *Mastering the Art of French Cooking*』はその好例だ。テレビ初の料理番組のひとつでチャイルドが出演した「ザ・フレンチ・シェフ」も、さまざまな目新しい料理が増えるきっかけになった。

1950年代と60年代のバニラやバニラ・エクストラクト・メーカーにとって、品質管理は、新たに登場した良心的な消費者の不安解消のためであろうと、商品の品質保証のためであろうと、優先事項だった。天然バニラの品不足と法外な価格が原因で、人工バニラとバニラ・エクストラクトは、その前の30年間で勢いを増していた。しかし食品表示法がいい加減だったために、生産者は自社製品を思うがままに形容し、粗悪品でも「ナチュラル」「ピュア」などと宣伝することもしばしばだった。当時、バニラの品質を試験する機関は事実上存在しなかった。バニラの信頼性のためにも品質基準の設定がすぐにも必要だったのだ。

当然と言えば当然だが、規制をもっとも強く求めたのは、誰もが認める業界のリーダーでアメリカ最大の香料企業、マコーミック・アンド・カンパニーだった。マコーミックのライバル企業の多くは、新たな品質表示基準はマコーミック社の利益にしかならないと感じ、反発した。なかには、競争相手をただ困らせるためだけに反対する企業もあった。実績のある米国食品香料製造業者協会は、おもに業界の生産、輸送、法律面にかかわっていたが、バニラ製品の品質や信頼性を監督する責任はなく、それはアメリカ食品医薬品局（ＦＤＡ）に託された。10年にもおよぶ激しい法的議論のすえに、１９６２年、ついにＦＤＡは業界全体が支持する基準を発令した。

こうして新たに施行されたバニラの品質基準や、その他多くの飲食物の表示基準は、加工食品で使われることが多い原材料が対象だった。もちろん健康的な加工食品もあるが、たいていは塩、砂糖、脂肪分が添加され、その反面栄養価は低いものも多かった。この状況は現在も変わらず、肥満をはじめさまざまな健康問題を引き起こすとしてひんぱんに引き合いに出される。しかし１９６０年代に健康的な食事や運動を取り入れたライフスタイルが流行し、１９７０年代にその傾向がさらに広がりを見せると、バニラ産業にもさらなる重要な変化があった。

現代のように、「オーガニック」「地場産」そして「自然への回帰」といったバズワード「一見専門用語のようだが、じつは定義があいまいなまま使われている言葉」やコンセプトがいたるところで取り上げられ、ついには陳腐な決まり文句になり果てた時代に過去を振り返り、オーガニック食品や自然環境に関心を寄せるのはひと握りの、とくに思想的に過激な人々だけだった時代を想像するのは難しいかもしれない。だが実際そのような先見の明のある若者や専門家は、しばしば「ヒッピー」や「ツリーハガー」こと急進的な環境保護運動家と呼ばれ嘲笑されたのだ。とはいえ、彼らは数の点では劣っていたが、それを補って余りある決意と道徳観念を持ちあわせていた。

この運動が本格的に始まったのは、第2次世界大戦終結直後に生まれたベビーブーマーのごく一部が、資本主義が生んだ緊張を強いられるばかりのあわただしい競争社会との決別を決めたときだ。彼らはよりシンプルな暮らしを目指し、家庭菜園のオーガニックな自然食品を選び始めた。企業や資本家の欲望の犠牲になって破壊されることがないように、自然環境を守ろうという主張もした。彼らのイデオロギーは誕生当初こそばかにされたが、やがて支持を集め、皮肉なことに企業利益やマディソン街のマーケティングにもかなり助けられて、最終的に2000年代初頭には社会運動として充分に成熟した。

運動が活気を帯び始めると、健康志向のカフェやマーケット、レストランが開業し、健康的とはとても言えないファストフードやファミリーレストランに替わるものとして自らを売りこんだ(この市場の成長は、1980年代まで、つまりオーガニックでヘルシーなものを探し求めていた人々を満足させたホールフーズ・マーケットをはじめとする大型スーパー

バニラクリーム・チーズパイ

マーケットが出現するまでは緩慢だった）。当初こうした健康志向の店は、おもにニューヨークのような都市部や西海岸のベイエリアに作られた。消費者は教育水準が高く裕福で、オーガニック商品の価格も高めな地域だ。その後すぐに大学のある学園都市へ広まり、10代後半の若者世代に食べ物の新しい楽しみ方を教えた。こうした流行の先端をいくレストランは、アイスクリームやクッキー、ケーキをオーガニックの、あるいは低脂肪の材料で作ることが多く、価格の高い１００パーセント天然バニラを売りにするスイーツで客を店に呼びこんだ。

１９８０年代と90年代は、アメリカも他の多くの国々も繁栄を極めた時代だ。新しいものごとを柔軟に受け入れ、エキゾチックな食べ物や体験を求める裕福な知識層がますます増えた。１９８０年代の減速を経て、ヘルシーでオーガニックな食べ物や店がふたたび流行し始めた。メディア、とくにテレビ業界と出版業界はこの機に乗じて、とてつもない量の食べ物や食事のコンテンツを生みだした。散らかったキッチンの引き出しや、セール品をまとめた書店のワゴンに追いやられていた過去の料理本も、ふたたび爆発的な人気になった。テレビやケーブルテレビのチャンネルには、最新のメディアの人気者――セレブ・シェフ――を特集した番組があふれかえった。しかし、バニラがかつてないほどに人々をとりこにする力を取り戻し、さらに人々を刺激さえしたのは、急速に拡大する健康産業と体験業界のおかげだった。

オーガニックでヘルシーな食べ物が市場シェアを獲得する一方で、糖分や脂肪分の高い加工食品も相変わらずスーパーマーケットの棚の大部分を占め、アメリカの家庭の食品庫を埋めつくしていた。日々時間に追われ、丁寧に作られた食事をゆっくり楽しむ時間がないことが原因で、肥満レベルは急上昇した。するとかつては規模の小さい市場でしかなかった低脂肪や無脂肪の選択肢が広く受け入れられるようになり、すぐにスーパーマーケットや商店の棚に並び始めた。「ヘルシー」と謳った美しいパッケージの新製品が発売されると同時に、テレビCMや活字広告も始まり、その商品を食べれば腰回りが細くなると絶賛した。もちろん、そういった商品の大半には大量の塩分や糖分が含まれていたので、どんな健康的な要素も帳消しになったのだが。

「ダイエット」商品のメーカーも、不都合な現実に向き合わなければならなかった。低脂肪、低糖質の飲食物は淡泊で味気なくなりがちで、苦い金属のような後味が残ることが多かったのだ。そこに登場したのがバニラだ。ダイエット食品メーカーはバニラをこぞって手に入れてさまざまな製品に使い、不快な味わいを隠し、香味を増して食感を改善しようとした。バニラはクッキーやケーキ、アイスクリーム等の日常菓子はもちろん、新商品にも使われ始めた。たとえば、バニラを基本フレーバーとする朝食用のシェイク、アスリート用のプロテイン・ドリンクやヨーグルトは非常に人気が高まった。

その一方で、1960年代と70年代には自己啓発や自己修養も流行した。それ以前はこうした自尊心や自己鍛錬へのアプローチはメディアにも研究者にも嘲笑されたが、1980年代と90年代には広く社会に浸透した。新たな研究によって複数の利点が認められたためだ。これを実践するためには、のんびりしたストレスの少ないライフスタイルが奨励されることが多かった。この趣旨で、瞑想やヨガ、低強度筋力トレーニング等のストレスを軽減する活動を補完するために、アロマテラピーが用いられ始める。

パトリシア・レインは、著書『バニラ：世界中で愛される香りと香料の文化史 *Vanilla: The Cultural History of the World's Favorite Flavor and Fragrance*』で、ニューヨークのメモリアル・スローン・ケタリング癌センターの研究を引用している。それによると、バニラは人々に食べ物を思い起こさせる家庭的な香りで、評判が高いそうだ。その結果ごく最近では、バニラ香料の商品の人気が高まっている。(4) バニラを使用している製品は増える一方で、そのリストには高級な香水はもとより、エア・フレッシュナーやポプリ、キャンドル、さまざまなタイプのスキンケア製品も並んでいる。未確認の情報だが、最近製造された自動車でも「新車」の香りづけにバニラが使われたらしい。精神科医でシカゴの嗅覚味覚治療法研究財団の神経学責任者、アラン・ヒルシュの同様の研究でも、数世紀にわたって信じられてきたことが確認されたようだ。つまり、バニラの香りは明らかに性的欲求と関係があり、性的興奮を

アロマテラピーで使われるキャンドル、花、スパイス

誘発し実際の行動にさえ結びつくというのだ。当然ながら、このような研究結果は香水やコロンといった商品に役立てられ、かなりの成功戦略になった。

バニラには驚くほど多彩な用途と魅力があるので、生産者も消費者も独自の興味深い使い方をいまなお探し続けているのは当然のことだろう。なんの変哲もない、存在して当然と思われるものが、わたしたちの文化や日常生活にしっかり根付くということは歴史が証明している。バニラの場合、それは単なる運命の急展開や偶然ではなかった。多くの才能と創造性豊かな人々が数十年ものあいだ懸命に努力し、このすばらしい自然の産物の人気と使いやすさを高めようと奮闘してきた結果なのだ。彼らは、バニラをただ大切にする人々と同じように、バニラの可能性が無限に広がる未来を見据えているのである。

第5章◉供給と生産

20世紀のあいだ、長期の流行や一時的なブームから、そして文化的な分野から、バニラの魅力と万能さが裏付けられた。そのためバニラの需要はうなぎ上りだった。１８４１年以降バニラの栽培と生産で成功したレユニオン島を見れば、他の地域でもバニラ産業を発展させれば利益が生まれるのは明らかだった。適切な環境とかなりの忍耐力、そして途方もない努力がそろえば、バニラは生産や供給にたずさわる人々にとてつもなく大きな儲けをもたらした。セイシェル諸島やモーリシャス島といった島々も矢継ぎ早にレユニオン島の手法を手本にし始め、独自に成功を収めていった。これら新規の栽培地域の多くは、バニラは砂糖や果物のような主力商品よりも優れた換金作物とみなすようになった。こうした島々の輸出業者は、西ヨーロッパ各地の要求の厳しい輸入業者や販売人相手でも、高価なバニラを楽にさばくことができた。

他の島国、たとえばインドネシアやタヒチでは、バニラ生産は苦労続きで盛んではなかっ

バニラがいっぱいに詰められた、運搬人が運ぶ袋。マダガスカル

たが、20世紀初頭に市場に参入した。さらに、バニラ栽培の報奨がより明確になるにつれて、世界中の大陸の国々もそれぞれバニラ産業に着手した。たとえば中国やウガンダ、さらにはアメリカといったまったく類似点のない国々も、バニラの需要の増加や不変の人気、広範囲にわたる利用法に気づき、供給側の競争についに参入した。

スリランカ、コモロ諸島、マダガスカル、セイシェル諸島、その他インド洋の国々は、既存の生産施設の規模や生産能力を高める一方で、近隣の島々に新たな施設を建設した。インドネシアは生産拡大の手はずを整えた。いずれも成功が見込まれていたが、インド洋最大のバニラ供給地域であるインドネシアやマダガスカルを襲った数々の大嵐の犠牲になった。

その結果バニラの生産量は半減し、1999年に1キロあたり16・25ドルだった価格は2000年には46ドルにはねあがった。このようにバニラの価格はここ20〜30年乱高下している。メキシコでは、やせた土地の利用やぞんざいな土地管理によって生産量が減少した。メキシコ政府は過去数十年間成長著しい石油産業や家畜産業に力を入れてきたので、家畜の飼育場や石油掘削装置を作るために熱帯多雨林を大規模に伐採している。

他の追随を許さない世界最大のバニラ生産国はマダガスカルだ。しかしその動向は、他の成長中の地域同様に非常に不安定だ。気候変動、犯罪集団、停滞する技術開発と物価上昇がバニラ産業を苦しめ続けている。マダガスカルは、いくつもの大型サイクロンに襲われてき

2017年のバニラの主要輸入国[1]

順位	国名	パーセンテージ	輸入額（ドル）
1	アメリカ	43	575,000,000
2	フランス	20	271,000,000
3	ドイツ	10	137,000,000
4	モーリシャス	3.9	52,000,000
5	オランダ	3.1	41,400,000
6	日本	3.1	41,200,000
7	インド	2.5	33,500,000
8	スイス	2.0	27,000,000
9	イタリア	1.2	16,400,000
10	イギリス	1.2	15,500,000

た。もっとも最近のサイクロンは２０１７年のイナウォで、２００４年以来最強の嵐が上陸した。その後は何度も深刻な干ばつに見舞われ、かなりのバニラ不足を招いた。これは輸入業者やバニラ製品の利用者にとっても厳しい状況だが、バニラを市場へ出そうと苦心している生産農家にとっては死活問題になりかねない。そうした生産者には作物価格のわずか5～10パーセントしか入ってこないので、価格高騰が起こったり消費者が天然バニラの代替品として合成品を求めたりすると、生計に悪影響がおよぶ。災害が起こると食料供給が不安定になりがちなので、生活のために犯罪に手を染める者もいるほどだ。

じつは近年バニラにかかわる犯罪がますます気がかりな状況になっている。蔓から採って熟成中の価値が高い莢の窃盗被害が相次いでいるのだ。緑色の未熟な莢でさえ、市場ではかなりの値がつく。政府が主導す

2016年のバニラの主要生産国[2]

順位	国名	バニラ生産量（トン）
1	マダガスカル	2,926
2	インドネシア	2,304
3	中国	885
4	メキシコ	513
5	パプアニューギニア	502
6	トルコ	303
7	ウガンダ	211
8	トンガ	180
9	フランス領ポリネシア	24
10	レユニオン島	21
11	マラウィ	20
12	コモロ諸島	15
13	ケニア	15
14	グアドループ	11
15	ジンバブエ	11

る武装警察部隊を求める声が高まる一方で、自警団グループが無数のバニラ泥棒を捕えたり殺害したりしている。バニラを守るために必死になった生産者は、窃盗団に対抗すべくバニラを早めに収穫している。その結果、市場には低品質のバニラがあふれかえるようになった。だが品質が落ちると、価格も下落するものだ。

また、マダガスカルではシタン［マメ科の広葉樹。硬く美しい木材になる］取引も始まった。年間数億ドルもの取引で活況を呈してはいるが、じつは違法性も高い。シタンは中国や東南アジアの国々へ売られ、その利益は安価なバニラの購入によってロン

バニラの品種ごとの世界生産量

バニラ（学名 *V. planifolia*）	97パーセント
タヒチアンバニラ（学名 *V. tahitensis*）	2パーセント
ニシインドバニラ（学名 *V. pompona*）	1パーセント

2019年の第1級バニラの価格

1キロ	500ドル

ダリングされるのだ。

似たようなやっかいな問題は、インドネシア、メキシコ、中国をはじめとするバニラの他の主要産地でも起こっている。現在中国は世界3位のバニラ生産国だが、労働者の賃上げ要求を無視できなくなってきた——生産が失速しかねない要求だ。しかし中国はウガンダ等の新興のバニラ生産国の支援をしてきたことで知られている。年間のバニラ生産量がマダガスカルに次いで2位のインドネシアは、森林伐採や問題の多い土地利用政策が原因で発生する大規模な洪水に対処しなければならない。

バニラの買い手は、法外な値段の天然バニラを買い続けることはできないだろう。それがマダガスカル、インドネシア、メキシコ、中国のどこで栽培され出荷されたものであろうと同じだ。天然バニラの需要は大幅に減少しているし、法外な価格がこの傾向に追い打ちをかけるかもしれない。さらに、工業施設で人工キュアリングを施したバニラや合成バニラが天然バニラの代用品としてレストランやスーパーマーケット、家庭でも徐々に受け入れられている。伝統的な手作業のキュアリングを行う数万ものバニラ栽培農家は、価格高騰によって生活を脅かされるかもしれない。

何年にもわたって広く浸透してきた合成バニラは、天然バニラに頼っていた業界でも勢いを増している。技術が向上したおかげで、合成品は消費者にとってはおいしくなり、ビジネスにとってはうまみが出てきたのだ。いずれバニラの生産と価格が安定したとしても、明らかに金銭的な理由で多くの企業や業界が合成バニラを使い続けることを選ぶかもしれない。そうなると10年間続いてきた不安定な市場がいっそう不安定になるだろう。

とはいえ、近ごろは国の内外を問わず明るい動きが見られ、悩めるバニラ産業にも希望が生まれている。世界中の、なかでもアメリカの消費者は、原材料すべてが自然素材の健康的な食品や飲み物を求め、そうした原材料がどのように栽培されて市場へもたらされたかについてますます関心を高めている。食品や香料を扱う企業は消費者動向につねに敏感で、長年にわたって商品ラベルや広告で「オーガニック」あるいは「オールナチュラル」な原材料を宣言して製品改良を続けてきていた。この動きが強化されたのは、ネスレが自社のチョコレート製品を食品添加物不使用で製造すると宣言したときで、それが結果としてバニラの輸入増加につながった。それまでネスレはチョコレートの風味を高めるために、おもに人工バニラを使い続けていたのだ。ハーシー、ゼネラル・ミルズ、ケロッグ等の企業もすぐにネスレに続いた。

消費者も、結果的には彼らに製品を提供する企業も、食品や飲料がどのような原材料で作られているか、さらには生産農家や作業員が労働の対価をどの程度得ているかといった問題に、ますます関心を寄せている。近年は、はっきりと意見を述べる消費者や買い手が増え、フェアトレード契約を望む声も多くなってきた。フェアトレードとは、「先進国の企業と開発途上国の生産者のあいだで、適正な賃金が生産者に支払われる取引」と定義され、さまざまな環境問題とともに、栽培者にとってのより良い社会的スタンダードといった、注目の課題にも対応する。たとえばライブリフッド・ファンドをはじめとする多くのフェアトレード組織は、生産農家に持続可能な農法を教えたり、バニラ保護グループを結成して盗難と闘ったりしている。フェアトレードはコーヒーやチョコレートの分野では非常に効果を発揮してきた一方で、いまのところバニラ栽培農家に対してはさほど成功していない。というのも、フェアトレード組織はバニラの品質検査や認証に手数料を要求するのだが、多くの栽培者はそれを支払う余裕もないのだ。バニラの収穫量は天候条件や気候変動に左右されやすいので、フェアトレードの実行が難しく、ましてや強制することは不可能に近い。

バニラ生産の今後は不透明で、山積する問題も未解決のままではあるが、かなり明るい未来も期待できる。人工バニラの脅威は相変わらずだが、バニラ産業全体として消費者の好みの変化から大きな利益をあげ続けることはできるだろう。いま人々は「ほんもの」を求め、社会問題や環境問題を重視しているからだ。マダガスカルの減産が続くなか、世界各地に膨大な数のバニラの生産施設ができ、信じがたいほど多様なバニラ製品を提供するという驚くべき展開になった。それでもこうした国々は、たとえば収穫の前倒しや密輸によって手っ取り早く利益を得ようという衝動に抗う必要がある。短期的な棚ぼた式の儲けよりも長期のチャンスを大切にすること、そして高品質の評判を確立することによって、すでに定評のある生産者も新規の生産者も、バニラの安定供給とゆるぎない信頼を確実に手にできるのだ。さらに、バニラの万能性やエキゾチックで魅力的な香り、そして驚くほど複雑な歴史的背景が加われば、今後数十年にわたってバニラは市場での地位を確立することはもちろん、人々の心をもつかんで離さないだろう。

第6章◉ポップカルチャー

マイクロソフトのワードで新規文書を作成し、「vanilla」とタイプして、右クリックで「類義語」を選択してみよう。するとどのような言葉が表示されるだろう？

地味（Plain）。味気ない（Bland）。退屈（Boring）。平凡（Ordinary）。リストにはこのような言葉が並ぶ。だが、これほど豊かで魅力的で、波乱万丈な歴史を誇るバニラが、なぜ「味気ない」の同義語になったのだろう？　バニラほどの誘惑的な芳香と風味を持つものが、まったく平凡ではないものが、なぜそのような地位を獲得してしまったのか？

バニラはかつて非常に希少な産物で、富裕層だけが手に入れ、富裕層だけが楽しんでいた。それが１９５０年代になると世界中に広まり、ほぼなんにでも使われ、簡単に手に入るようになった。ここ数十年でさらに過剰に使われるようになったので、バニラ不使用のものはないのではないかと思えるほどだ。ソフトドリンク、クッキー、ケーキ、ヨーグルト——オーブンで焼かれたもの、甘味をつけられたもの、ほぼすべてでバニラが使われている。地味で飾り気がないという意味で「バニラ」と呼ばれたものの起源は、おそらく第2次世界大戦後の好景気に台頭したエンジニアリング産業や電気産業にさかのぼることができるだろう。しかし、アメリカで「バニラ」に地味という意味が加わったいちばんのきっかけは、1970年代に始まった情報技術産業だ。現在にいたるまで、デスクトップやラップトップのパソコンが初めて箱から出されるとき、そのオペレーティングシステムやイメージは「バニラ」と称される。つまりまったくカスタマイズされておらず、便利なソフトウェアもアプリケーションもインストールされていない状態を意味するのだ。

1971年、ピッツバーグに拠点を置く独立系映画監督、ジョージ・ロメロの作品『バニラがあるさ There's Always Vanilla』がアメリカの映画館数館で公開された。だが公開直後に打ち切りになりそうな雰囲気だった。ロメロは1968年の低予算映画『ナイト・オブ・ザ・リビングデッド』ですばらしい成功を収めていたが、数多のホラー映画監督のひとりというイメージが固定化するのを嫌い、つぎの作品としてこの地味で利益は望めそうもない企画を選んだ。『ナイト・オブ・ザ・リビングデッド』のスタッフの大半と7万ドルというわずかな予算で制作が始まり、最終的に完成したのが、このやや雑で退屈なロマンチック・コメディだったわけだ。それでもこの映画は、かなり手厳しい形容詞である「バニラ」の初期の使用例として興味深い。映画の終盤で主人公の父親が、モーテルレストラン・チェーンのハワード・ジョンソンで夕食を食べながら主人公にこう語るのだ。「人生はアイスクリーム・パーラーのようなものだ。変わり種のアイスクリームもたくさんあるが、最後はいつもバニラという頼もしい存在に戻るんだ」

無限に近い種類の味や香りがあり、さらに毎日のように胸躍る新しい香りが披露される世界では、いまやバニラは地味とみなされ、他に選択肢がない場合に選ぶものとされがちだ。はたまた、さまざまな香りの選択肢がある場合は無難な選択と思われる。このように人類共通の精神に深く浸透するようになった「バニラのように地味」という意味は、ポップカルチャーにも入りこんだ。それがとくに顕著なのが音楽分野である。

アバ、カーペンターズ、ドリス・デイ、オリビア・ニュートン＝ジョン、パット・ブーン。このレコーディング・アーティストたちの共通点はなんだろう？　国籍もジェンダーも、音楽ジャンルも異なるが、共通点は彼らに――あるいは彼らの音楽に――「バニラ」という不名誉なレッテルが貼られたことだ。全体として、彼らが長年にわたって生みだした歌や音には退屈なポップスという焼き印が大々的に押されているのだ。

バニラ・ポップスは、必ずではないにせよたいていの場合、似たような特徴を持っている。レンタル料が非常に高いぴかぴかのスタジオでのレコーディング、淡泊で飾り気のない歌い方を彩るための別世界のような音響効果、そして素朴な曲構成だ。バニラ・ポップスは入念に構成されているうえに、威圧的でも断定的でもない。その歌は「ほんもの」であることを避けており、そこに「ストリート・クレッド」［都会の若者の流行のファッションやライフスタイル、ストリートカルチャーに通じ、そういった若者の支持を得ることができること］の入る余地はまったくない——ちなみに、バニラ・ポップスの騒々しい親戚であるロックとジャズはこのふたつのレッテルを好み、「ほんもの」であろう、「ストリート・クレッド」であろうとした(1)。それでも、同じ音楽を聴いてうんざりするリスナーもいれば、力強いと考えるリスナーもいる。世のなかが粗暴でやかましく、けばけばしくなっている時代に、バニラ・ポップスの甘ったるく無難で軽いメロディーは、息抜きを必要としている人々にそれを届け続けている。これは、このジャンルの再発見の良い前兆だ。人気回復とまではいかないかもしれないが。

ここで、1950年代後半から1990年にかけてリリースされたバニラ・ポップスの楽曲を紹介しよう。

アバ——「SOS」「きらめきの序曲」「ダンシング・クイーン」
カーペンターズ——「雨の日と月曜日は」
ブレッド——「ザ・ベスト・オブ・ブレッド」（アルバム）

フォー・プレップス――「過ぎ去りし夏の思い出 The Things We Did Last Summer」
ボビー・ヴィントン――「ブルー・ヴェルヴェット」

1989年には、22歳のロバート・マシュー・ヴァン・ウィンクルがワイルド・チェリーのポップファンクの名曲「プレイ・ザット・ファンキー・ミュージック」をカバーした。これを聴いたラジオ・プログラマーとリスナーは、控えめに言っても失望した。バニラ・アイスの愛称でレコーディングやパフォーマンスを行っているヴァン・ウィンクルも、クラブシーンや音楽チャートの結果に非常に落胆した。だが、DJたちがキャッチーでベースラインが印象的なB面曲「アイス・アイス・ベイビー」をかけ始めると、状況が一変する。「アイス・アイス・ベイビー」は爆発的にヒットし、たちまちビルボード・ホット100チャートのトップを飾った初めてのヒップホップ・シングルになったのである。この曲が当時のポップカルチャーに与えた影響は途方もなく大きい。

しかし、曲の信じがたいほどの成功によって生じた反動も、同じように並外れていた。ブレイクダンスやラップ仲間のなかで唯一の白人メンバーだったことから、数年前にアイスというニックネームを手に入れたヴァン・ウィンクルは、すぐに嘘つきのくわせ者と非難されることになる。まず「アイス・アイス・ベイビー」はクイーンとデヴィッド・ボウイの楽曲

「アンダー・プレッシャー」の盗作だという批判が飛び交った。さらにやっかいなことに、彼は文化の盗用でも非難された(2)。ゲットー育ちと嘘をつき、白人なのにアフリカ系アメリカ人の音楽を歌っていたためだ。彼と彼の音楽は現在、手厳しく、そしてあざけるように「バニラ」と称される。

それからおよそ30年後、来たる「アイ・ラブ・ザ・90s」ツアーの出演準備をしていたアイスは、現代音楽の状況についてたずねられた。彼は、単調で退屈で、長く愛される代物ではないと熱っぽく語った。要するに、現代音楽はバニラだと批判したのだ。

バニラ・アイスの一件が証明しているように、「バニラ」という言葉は単なる形容詞の枠を超えて使われる。現在は白色人種を意味することもしばしばだ。この論法が暗示することは本書の主題や範囲をはるかに超えるが、大学やカレッジのカリキュラムや、日々の大手新聞やウェブサイトの社説や解説を見ればわかるように、こうした物議をかもす問題についての見解は尽きることがない。

いまや「バニラ」はわたしたちの言語にありとあらゆる方法で侵入している。たとえば「バニラ・セックス」とは、エロチックな要素がまったくないセックスを意味する。言い換えるなら、ごく普通のいわゆる正常位の意味だ。また、誰かに「あまりにもバニラだ」と言われたら、あなたは退屈でおもしろみがないということだ。あれほどエロチックな香りが、なぜ退屈と呼ばれるまでになったのだろう？　きっとバニラの香りをあらゆる場所、あらゆる場面で使ったために、わたしたちはかつては議論の的だった香りに鈍感になってしまったのだ。バニラは文化の主役になったが、もはや特別な刺激とはみなされない。いや、むしろバニラは、わたしたちの生活のあらゆる場面を支える大黒柱になったのである。

第7章◉香りの特徴

バニラの魅惑的な香りは、ほぼ間違いなく重要なセールスポイントであり、優れた特徴だ。それはメソアメリカの人々が初めて森の地面からバニラの莢を拾いあげ、ただのしなびた黒い棒ではないと気づいて以来変わらない。現代の化学者や調香師は、その芳香を「土や樹木、花、干し草、ラム酒の香り、スモーキーでスイート、スパイシー、たばこ風で、そしてプルーンやレーズン、アーモンド、バナナ、はては綿菓子など、あらゆるものの風味がかすかに感じられる」と説明する。[1] 本書で先に述べたように、バニラの香りの主成分であるバニリンは、「ウィスキー、ラム酒、赤白のワイン、大麦やサトウキビの絞り汁、オークの樽で発酵させたブドウ果汁」からもみつかっている。[2]

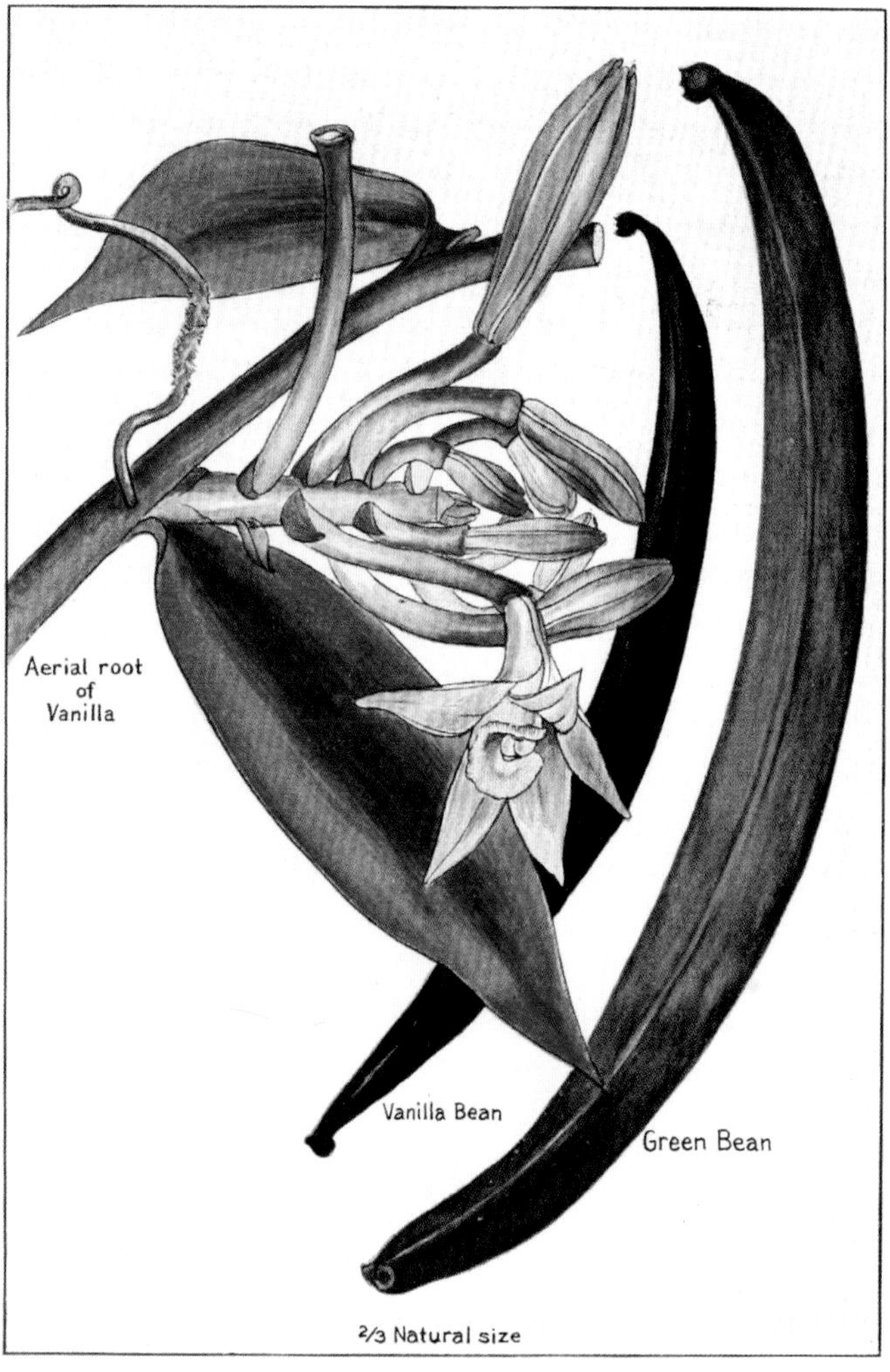

マコーミック・アンド・カンパニーのバニラの花と莢の絵。1915年

◉バニリン

バニラには250〜500種類の有機化合物が含まれる。そのひとつ、バニリンを生じる植物は蘭だけではない。「ポンデローサマツ、ジェフリーマツ、マンシュウクロマツにもバニリンが含有されているし、モミの木や辺材［丸太の中心部と樹皮内側のあいだにある淡い色の部分］からもみつかる。バニリンは、セルロース繊維が木から分離され、最終的に製紙に使われるパルプに変換されるときにも検出される(3)」。おもにパラグアイやブラジル南部に自生する別種の蘭、レプトテス・ビカラー（学名 *Leptotes bicolor*）にもバニリンが含まれ、バニラの代用品として使われる。

バニラに似たエキスを含む植物のなかでも注目すべきは、ミドリセンブリだ。ノースカロライナからフロリダにかけての沿岸地帯に自生し、かつてはアメリカ先住民が芳香剤として使っていた。また、アメリカの太平洋岸北西部に自生するバニラリーフ、別名スイートアフターデスは、たいてい虫よけに使われる。「ブラジルやイギリス領ギアナの森で育つトンカ豆には、クマリン（またはワルファリン）と呼ばれる化合物が高濃度で含まれている(4)」。この豆は甘い香りがするので、バニラの代用品として使われていたこともあった。しかし、その後の研究によって「クマリンは大量に摂取すると肝臓障害の原因になると判明したため、

ワシントン州トロンセン・リッジ・トレイルのポンデローサマツ

現在アメリカでは食品医薬品局によって使用を禁じられている」(5)。かつてヨーロッパからアメリカへ輸入されていた苦いハーブ、スイートクローバーもクマリンを含有する。メキシコに観光旅行に行くと、屋外のマーケットで安価で売られているボトル入りのバニラをいくつも見かけるだろう。このような安いバニラのまがい物にはクマリンが大量に含まれていることも多い。

現在製造業者が生産する合成バニラは、年間1万5000トン近くにのぼる。使用するのは「丁子油や木材パルプ、石油の副産物に含まれるグアヤコールという化合物だ。海狸香《かいりこう》ことカストリウムはさらに高価な代用品で、ビーバーの肛門近くにある香嚢《こうのう》の分泌物を使って作られる」(6)。ビーバーはその分泌液をなわばりのマーキングに使う。このエキスはあたたかみのある甘い香りで、バニラ・エクストラクトの代用品として乳製品や焼き菓子、パン類に使われることが多い。香水業界でも広く使われていたが、香嚢を集めるためにビーバーを非人道的な方法で乱獲していることが問題になり、使用が禁止された。

このように、バニラ特有の自然な香りを自社製品に使っている企業は、原価の高い天然バニラの代わりに人工香料や合成香料を使うようになるだろう。予測のできない過酷な気候、不安定な政治情勢、そして多くの時間を必要とする難しい栽培が原因で、バニラの価格はマダガスカルをはじめとする生産国で物価変動率をはるかに超えて上昇している。さらに、ときおり不作や市場破綻にも見舞われるため、いつでも必ず手に入ると確約されるわけでもない。その点合成バニラは入手しやすく価格も安いが、天然バニラの複雑な芳香にはおよばない。

◉エクストラクト

最高品質のバニラ・エクストラクトは、豊かな香りを放ち、琥珀色で、糖分は少ない。さらに「ブルボン（bourbon）」と名づけられるエクストラクトもあるが、それは原料のバニラがマダガスカル、コモロ諸島、レユニオン島のいずれかで収穫されたブルボン種というだけのことで、バーボン（bourbon）ウィスキーとは無関係である。バニラ・エクストラクトを購入したら、蓋をきっちりと閉め、冷暗所に保管することをお勧めする。熱や光にさらされると、せっかくの香りが損なわれるからだ。

もっとも重要なのは、ラベルに「ピュア・バニラ・エクストラクト」と書かれているか確認することだ。FDAによると、ピュア・バニラ・エクストラクトの内容物は、水、アルコール（最低35パーセント）、そして1ガロン（約3・8リットル）に対し13・5パーセントのバニラ抽出成分である。エクストラクトに糖分や着色料、防腐剤が含まれる場合はラベル

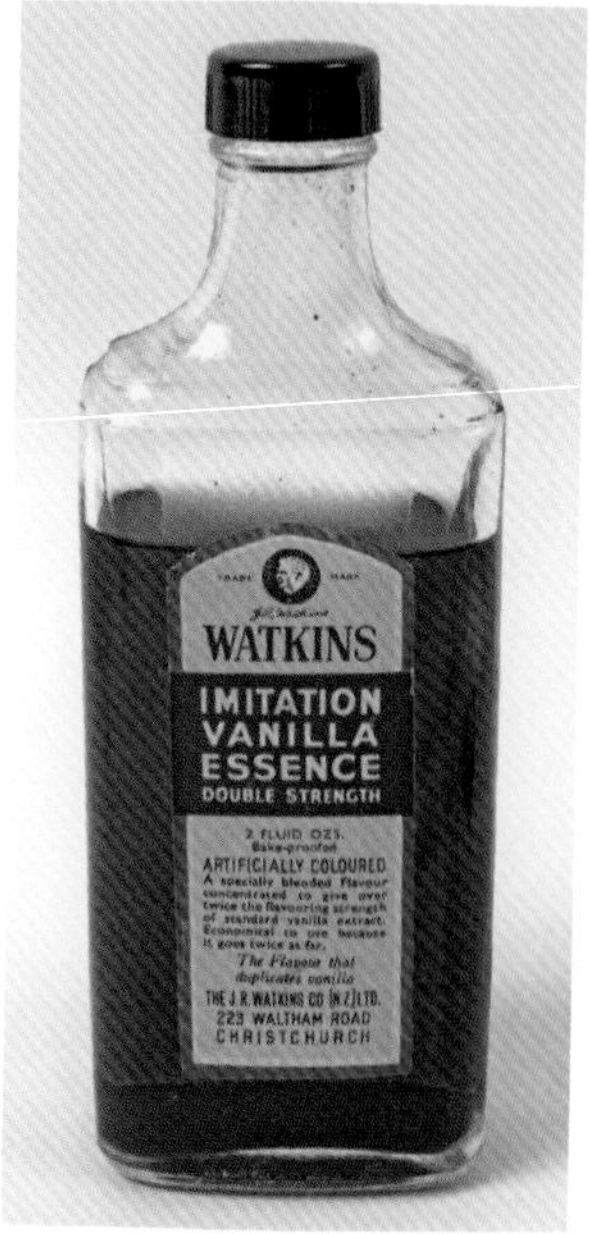

マコーミックのピュア・バニラ・エクストラクト（左）と、ワトキンスの成分2倍「イミテーション・バニラ・エッセンス」（右）

ナイフでこそげ取られるバニラ・シード

に明記しなければならない。エクストラクトにさらに砂糖を追加すると熟成が早まるが、香りは薄くなる。砂糖を焦がしたカラメルを加えた場合は、黒っぽいくすんだ色あいになる。オーガニック・プレミアムを謳うバニラ・エクストラクトには、アルコールが含まれているものと含まれていないものがある。当然ながら、原料のバニラは「オーガニック」認証を受けていなければならないので、アメリカでは農務省の「USDAオーガニック」ラベルが目印になるが、ラベル表示は国ごとに異なる。

イミテーション・バニラは、木材パルプ等の合成物質から作られる。たいていの場合、バニラ香料は合成エキスと天然エキスを組み合わせる。ラベルを見ても純度がわからないので、希望とは異なるタイプのバニラ香料を買ってしまわないように、原材料を確認すべきだ。天然の澄み切った香りを求めるなら、ピュア・バニラ・エクストラクトが最高の選択だが、アルコールを避けたいならオーガニック・プレミアム・バニラ・エクストラクトがよいだろう。アメリカをはじめ世界的にも有名なピュア・バニラの販売企業は、ニールセン・マッセイ、マコーミック、シンプリー・オーガニック、バニラ・カンパニー、ペンジーズ・スパイシズ、ワトキンス・カンパニーである。

「A」級品のバニラは、グルメ・ビーンズと呼ばれる。チョコレートのような茶色で、長さは15~18センチ、水分量は35パーセントである。「B」級品のエクストラクト・ビーンズは、長さはA級品と同じく15〜18センチだが、水分量は15〜25パーセントしかないので触れると乾燥しているのがわかる。

最高級のバニラはメキシコ原産だ。「皮は薄く、水分量は25パーセント（マダガスカル産は20パーセント、ジャワ島産は15パーセントかそれ以下）である」[7]。高品質のマダガスカル産バニラは、メキシコ産に負けず劣らず香り高い。タヒチ産バニラは、莢のなかの種の粒子数が少ないので、メキシコ産ほど香らない。バリ島産は「乾燥していてもろく、バニリンの含有量も非常に低い」[8]。キュアリング後の莢の輸出用の格付けは、莢の裂け目の有無で大きくふたつに分けられ、その後等級が決められる。

マダガスカルとレユニオン島のバニラは、バニリン含有率が2・9パーセントで豊かな芳香だ。インドネシアのバニラもバニリン2・7パーセントで強い香りを持つ。メキシコ産はみごとな香りで、バニリン含有率は1・8パーセントである。タヒチ産は甘い香水を思わせ、バニリン含有率は1・5パーセントだ。バニラの品質は、油分が多く、チョコレート・ブラウン色で、形がよいものが望ましい[9]。

◉梱包

一般的にバニラを輸送する際は、まず数本ずつまとめて束ね、パラフィン紙を敷いたブリキ缶に入れ、さらにそれを木箱に入れる。梱包したカートンは換気のよい涼しい場所で保管する。バニラの莢はガラスやプラスチック製のチューブで販売される。

天然バニラも合成バニラも、おびただしい数の製品で使用されている。フェリックス・ブッチェラートによる『バニラにまつわる科学と技術のハンドブック *Handbook of Vanilla Science and Technology*』（２０１１年）から引用するつぎのリストは、バニラによって自社の食品や香料の品質を高めているおもな企業から、ほんの一握りを選びだしたものだ。

○食品と飲料

ペプシ	スムージー・キング
ジムビーム	J&Jスナック・フーズ社
コカ・コーラ	ダンキン・ブランド
ユニリーバ	スターバックス
アボット	ヘイン・セレスティアル・グループ

ネスレ　ジョーンズ・ソーダ社
ディアジオ　ボイラン・ボトリング社
スピリッツ・マルク・ワン・LLC　キャドバリー
V&Sヴィン&スピリットAB　シュウェップス

○女性用フレグランス
コティ　バーバリー　ゲラン　ジャン・パトゥ
エスティローダー　サラ・ジェシカ・パーカー　イヴ・サンローラン
ヴェラ・ウォン　カルバン・クライン　ブリトニー・スピアーズ
シャネル　ウビガン

○男性用フレグランス
ウビガン　パコラバンヌ　ダナ・クラシック
ニュー・デーン　ファベルジェ

共通の化合物	芳香	同じ化合物を含む食材
バニリン	スイート、バニラの香り	柑橘類、ディル、魚、シェリー酒
4-ヒドロキシベンズアルデヒド	アーモンド、バルサム系、トマト	ビール、パイナップル、エビ
4-アニスアルデヒド	アーモンド、アニス、カラメル、ミント、ポップコーン、スイート	バジル、コーヒー、ヘーゼルナッツ
2、3-ブタンジオール	クリーム、フローラル、果物、ハーブ、玉ねぎ	シードル、メロン、ピーカンナッツ、ビネガー
3-ヒドロキシ-2-ブタノン	バター、クリーム、ピーマン	大麦、ブルーチーズ、二枚貝、ハチミツ
アセトバニロン	クローブ、花、バニラ	豆類、豚肉、しょうゆ、ワイン

ジェイムズ・ブリシオーネ、ブルック・パーカースト著『フレーバー・マトリックス――風味の組み合わせから特別なひと皿を作る技法と科学』［目時能理子、中村雅子訳。SBクリエイティブ。2021年］(11)

◉その他の製品

バニラ・ビーンズ・ペーストには、ペースト状にすりつぶされたバニラの種の粒子が含まれている。バニラ・パウダーはたいていバニラ・エクストラクトかバニラ香料で作られ、添加物としてでんぷんが含まれることも多い(10)。グラウンド・バニラは種を細かくすりつぶしたもので、種のみで作られる。

◉保管

高品質なバニラを購入したら、

気密性の高い容器に保管しよう。エクストラクトを作るなら、アルコールに漬けこむ。バニラ・シュガーを作るときは砂糖のなかで保管し、莢が乾燥したら、砂糖にジャガイモを1個加える。莢が乾燥しすぎた場合は、水か牛乳に数分間浸す。こうすると莢がやわらかくなり、ナイフで切り裂きやすくなる。

◉調味料

料理学の世界では、バニラはおもに焼き菓子やパン、スイーツ用の調味料として使われる。ナッツやゼリーをチョコレートや糖菓で包んだボンボン、チョコレートバー、アイスクリームや炭酸飲料、医薬品にいたるまで、あらゆるものがバニラを基本フレーバーや補助フレーバーに位置づけている。バニラは、不快な苦味や後味を隠すためにも使われ、とくにココアやダイエット食品、低脂肪食品には欠かせない。自由自在に何にでも適応できるので、バニラはもっとも似つかわしくない食品である野菜や家禽料理でも利用されている。さまざまな化合物が含まれているので、トマト、トウモロコシ、アスパラガス、乳製品、チキン、ジャガイモやフェンネルを使う料理ならバニラを手軽に活かすことができる。

多くの香料を扱う有名な輸入業者、ニールセン・マッセイは、バニラの特徴をつぎのように分類した。

メキシコ産バニラには、スパイシーで深いウッディな香りがあり、柑橘類の果物、シナモン、クローブ、スパイスを引き立てる。ジンジャーやスパイスをきかせたクッキーに最適だ。料理に使うなら、バーベキュー・ソース、チリトマト・ソースにうってつけである。このバニラがもっとも引き立つのはホットチョコレートやチャイラテだろう。

マダガスカル産バニラの香りは甘くウッディだ。ケーキ、クッキー、アイスクリーム、プディング、ペストリーに使うのが最高だ。シーフード、さまざまなソース、スープ、マリネも引き立たせる。このバニラはホットチョコレートや紅茶に甘味と繊細な土の香りを添えてくれる。

タヒチ産バニラの芳香はフローラルかつフルーティで、アニスの香りも含まれている。このバニラは、ペストリーのクリーム、フルーツパイ、さまざまなソース、スムージー、プディング、カスタード、サラダ用ドレッシング、スイートポテト・サラダ、フルーツジュース、マティーニ、マルガリータ、ジン、ウォッカ、ラム酒に加えるのがもっともお勧めだ。(12)

わたしたちの味覚に大きな影響を与える香りは、好ましくないにおいと同じく、感情や気分と結びついている。わたしたちの暮らしのなかでそれが占める重要性は、非常に大きい。それでも、人生では多くの場面で妥協案の検討を迫られるものだが、バニラにかんしても同じことが言える。BMWのセダンを買うべきか、フォードのコンパクトカーにするべきか？腕時計はロレックス、それともタイメックス？そしてプレミアム・バニラ・エクストラクトを選ぶのか、それともイミテーション・バニラにするのか？ゲランのスピリチューズ・ドゥーブル・ヴァニーユのオードパルファンをつけて意気揚々と夜の街に繰り出すこともできるし、近所の薬局で買った安物のまがいものを浴びることもできる。

その決断は予算で決まることが多いが、どのバニラを使用するかという選択も例外ではない。料理人、パン職人に菓子職人、調香師、そして自宅のキッチンでケーキの用意をするごく普通の人にいたるまで、誰もが日常的にこの問題に直面しているのだ。とはいえ、さほど高価ではない代用品がいつでも手に入るとしても、とびきり上等なピュア・バニラに風味の点で代わりになるものは存在しない。高価でも、それだけの価値があるのだ！イミテーション・バニラの選択肢が市場を侵食し続けていることはほぼ間違いない。だが、商品を購入する際に以前よりも社会、経済、そして健康の問題について考えるようになった消費者がいる限り、ピュア・バニラは間違いなくわたしたちの未来を彩り続けることだろう。

謝辞

『バニラの歴史』のリサーチ中にご協力いただいた方々に感謝したい。ラウル・ガルシア、エマ・シンガー、ネルソン・サンタナ、ジョン・トリゴニス。スーザン・リフレーリ＝ローリー、タリア・ペリクリーズ、ジャン・クロードは、すばらしいレシピを紹介してくれた。アンソニー・スミス、トレイシー・ジマーマン、ルス・エスパヤート＝ポートレイト、リネット・ドートレイト、ルイス・ガロ、レイリー・ゴンザレスは校正を担当してくれた。グラフィックス担当のフィリップ・ゾン、わたしの写真をフォーマット化してくれたデヴィア・シュリキー。レシピを試作してくれたアン・マルティネス。ジュリア・ジョーダン、エリザベス・スキアブル、リンダ・ディアスはわたしを教え導いてくれた。クレア・スチュワートとソーレイ・ヴェラスケス・フロレスは、執筆のあいだずっとわたしを支えてくれた。そして、ニューヨーク市立大学工科、ホスピタリティ・マネジメント学部にも感謝を。

データベースやデジタル書籍へのアクセスを許可してくれたニューヨーク公共図書館、ウルスラ・C・シュヴェリン図書館、ニューヨーク市立大学各図書館にも感謝の気持ちを伝えたい。

　執筆中に、わたしに自信を与え、心の支えとなってくれたすべての方々に感謝申し上げたい。

訳者あとがき

「バニラ」を知らない人は、おそらくいないのではないだろうか。バニラ味、バニラ風味を謳う菓子類や飲み物、バニラがほのかに香るスキンケア用品や日用品、そして濃密なバニラの香水等々、バニラの香りはわたしたちの暮らしにすっかりなじんでいる。むしろなじみすぎて、バニラの香りにあらためて感動することも、ありがたみを感じることもあまりないというのが実情だろう。

これほど身近なバニラだが、では、著者が序章で投げかけた「そもそもバニラとはなんなのだろう?」という問いに答えられる人は、どれくらいいるだろう。バニラは世界で2番目に高価なスパイスと言われていること、唯一の食べられる蘭で、古代メソアメリカで栽培が始まったこと、太古の昔から王侯貴族に珍重され、スパイスとしても媚薬としても愛されてきたこと……。こういったバニラの生態や歴史をすらすら答えられる人はごくまれかもしれない。

さらに日本では、言葉のニュアンスからバニラが誤解されている可能性がある。たとえば「バニラ・ビーンズの黒い粒が入ったカスタードクリームやアイスクリーム」という謳い文句があったとしよう。それを読むと「なるほど、バニラは黒色で、ビーンズというからには豆のようなものなのか」と想像したくなる。日本ではこの「バニラ・ビーンズ」という言葉がよく使われているようだが、じつはバニラは「豆《ビーンズ》」ではない。たしかにバニラの「実」はインゲンマメの「莢」によく似ている。そしてあの独特な香りを最大限に引き出すためのキュアリングという工程で、収穫したときは緑色の莢は、黒色に変色する。しかし、そこに詰まっているのは豆ではなく、小粒の種《シード》なのだ。料理や菓子作りの香りづけでは、この種を使うことが多い（外側の莢ごと使う場合もある）。そのため先のカスタードクリームやアイスクリームに含まれる黒い粒も、厳密には「バニラ・ビーンズ」ではなく「バニラ・シード」なのである。

一方アメリカでは「vanilla」という単語が「地味」「味気ない」「退屈」という意味でも使われるという。フィラデルフィアでアメリカ初のバニラ・アイスクリームが作られたときは大評判になったり、第2次大戦中は兵士の士気を高めるために「水上アイスクリーム製造工場」が建造されたり、人気の焼き菓子の基本フレーバーにバニラが選ばれたりした国なのに、やはりバニラは身近になりすぎて「平凡」のレッテルを貼られたようだ。そこから派生して、

「バニラ・ポップス」なる言葉も生まれているというのだから驚きだ。とはいえ、甘ったるく無難で軽いメロディーを特徴とするポップスを「バニラ」と表現したのも、裏を返せばバニラが日常生活にごく当たり前に存在することの証とも言える。

しかし、本書を読むと、バニラが存在しない世界もあり得たのではないかと思えてくる。なにしろバニラは花の構造が複雑なため、結実がとても難しいらしいのだ。原産地以外ではその受粉を担う小さなハチがいないため、花は咲いてもなかなか実がならなかった。もし、ひとりの奴隷の少年が人工授粉の方法を編みだしていなかったら、バニラは間違いなく世界一希少で高価なスパイスになり、これほどわたしたちの暮らしになじむこともなかったはずだ。そのような世界では、本書巻末で紹介されているレシピを見ながらバニラと意外な食材（二枚貝や、鶏むね肉！）との組み合わせを試す機会も奪われていただろう。

現代を生きるわたしたちの手元にバニラが届けられるまでの長い時空の旅に思いをはせると、いつものバニラ味のスイーツがいつも以上においしく感じられるに違いない。

本書『「食」の図書館　バニラの歴史　*Vanilla : A Global History*』は、イギリスのReaktion Booksが刊行しているThe Edible Seriesの一冊である。このシリーズは２０１０年、料理とワインに関する良書を選定するアンドレ・シモン賞の特別賞を受賞した。

最後に、翻訳にあたって原書房の善元温子さん、オフィス・スズキの鈴木由紀子さんに多大な助言をいただいた。この場を借りてお礼申し上げます。

２０２２年10月

甲斐理恵子

世界のバニラ

◉アフリカ

現在バニラは、アフリカの多くの国々で栽培されている。タンザニア、ケニア、コンゴ民主共和国はその例だが、アフリカ大陸でもっとも成功し生産量も多いのはウガンダだ。ウガンダがまだイギリスの植民地だった1918年、あらゆる国籍、あらゆる人種の農民がコーヒーやゴム、綿花を栽培するための農地を借りた。その後バニラの蔓を他の植物や灌木にからませることで、農園にバニラを組み入れた。ウガンダはアメリカの企業、マコーミック社との提携からも恩恵を受けている。その関係は1960年代に始まり、現在も続いている。マコーミック社の知識と指導により、いまやウガンダは世界でもっとも高品質のバニラ生産国のひとつに数えられている。現在アフリカではヴィクトリア湖周辺とナイル川沿いを中心に、12以上の地域でバニラを栽培している。

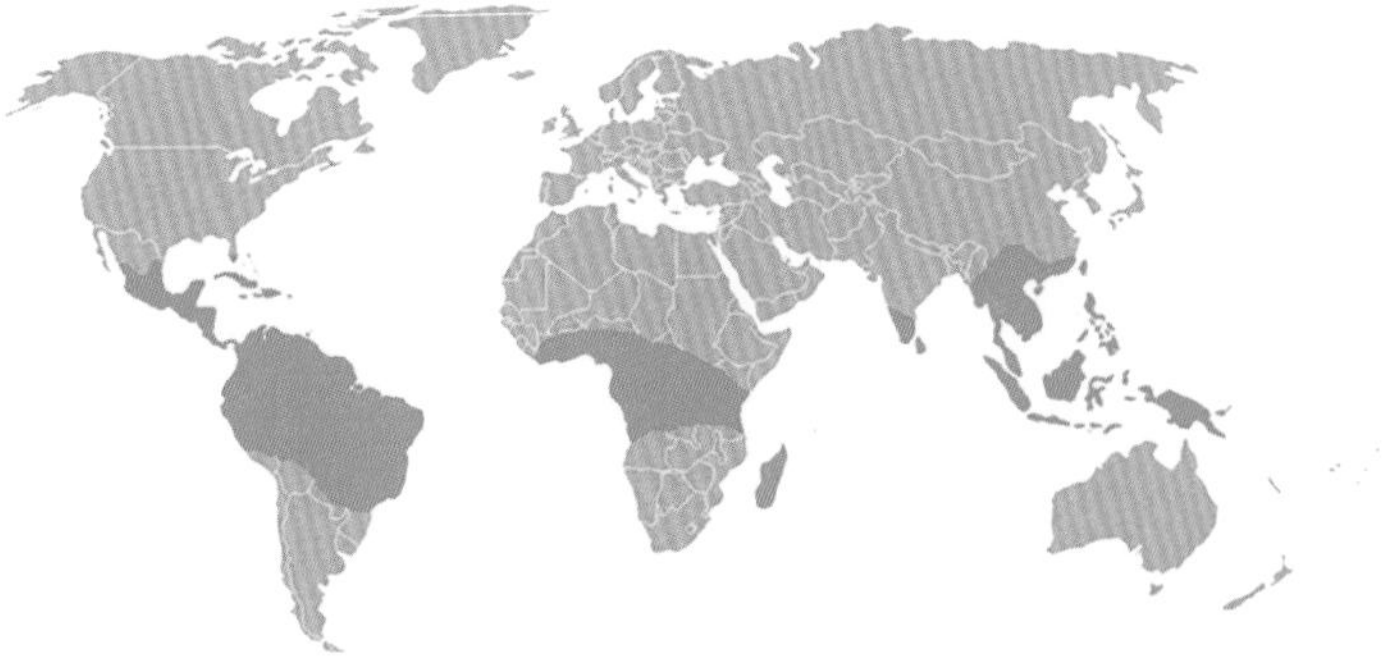

緑色で示される世界のバニラ生産地

◉オーストラリアとパプアニューギニア

オーストラリアの控えめながらも受賞歴のあるバニラ産業は、クイーンズランド州北部が中心だ。この地域は、北側に位置する隣国パプアニューギニアによく似た快適な気候だ。パプアニューギニアもバニラを生産するが、オーストラリアが活用している便利な施設は皆無だ。とはいえ、パプアニューギニアのバニラの年間生産量を前にすると、オーストラリアの生産高がかすんで見える。なにしろパプアニューギニアのバニラ生産量は現在世界5位なのだ。オーストラリア産のバニラは通常バニラ（学名 *V. planifolia*）だが、限定量ながらタヒチアンバニラ（学名 *V. tahitensis*）も栽培されている。

◉中南米

コスタリカでは、何百年ものあいだ野生のバニラが豊富に育ってきた。中米にはバニラが自生するための理想的な環境がある。中南米の栽培農家たちは、莢を実らせるために人手による授粉技術を採用してきた。現在はバニラを生産する他の国々と同じ問題に直面している。バニラの各蔓にどれほどの実がなるかをつねに記録し、豊かで健康的な土壌を維持すること

温室の環境で育つバニラ

だ。同じようなバニラ種は他にもあるが、人気が高いのはバニラ（学名*V. planifolia*）だ。グアテマラとベリーズには野生のバニラがマヤ帝国の時代から自生している。現在、中南米ではバニラが輸出作物として抜きんでている。ペルーでは、野生のバニラがアマゾン川流域で育つが、輸出されるのはごく少量である。

◉中国

中国がバニラ市場に参入したのは1991年だったが、現在は世界第3位の生産高を誇る。ただし、供給量とその結果としての価格に関していえば、いまのところ市場に大きな影響を与えるにはいたっていない。当初中国のバニラ産業は、マダガスカルの価格規制解除の決定によって妨害された。それによりバニラ価格がかなり下がったからだ。事態は近年改善し、中国は以前は国内向けのみだったバニラ栽培を輸出用にも拡大し始めた。おもな栽培地は、ベトナムとの国境に近い雲南省南西部に位置するシーサンパンナ・タイ族自治州と、海南島だ。中国はバニラの授粉にふたつの異なる手法を用いている。レユニオン島で考案され実行された伝統的な方法と、「除去法」と呼ばれる現代的手法だ。除去法では、蓋のような小嘴体をただちに除去し、花粉の塊を押しつけて柱頭にしっかりこびりつかせる。

◉フランス領ポリネシア

ソシエテ諸島は南太平洋上に位置する列島だ。小さな島のいくつかでは、小規模だがバニラが栽培されている。「バニラの島」と呼ばれるタハア島をはじめ、モーレア島、マルケサス諸島、そしてもっとも有名なタヒチ島だ。こうした島々の若手の栽培家は、現代的な栽培方法や処理工程を採用し始めているが、生産レベルはかなり低いままだ。

◉グアドループ諸島とマルティニーク島

カリブ海の小アンティル諸島に属するグアドループ諸島とマルティニーク島には、印象的なプランテーションがいくつかあり、香水用におもにニシインドバニラ（学名 *V. pompona*）が生産されている。

◉インド

イギリス人によってインドにバニラ（学名 *V. planifolia*）がもたらされたのは、1835

年だった。当時のイギリス人は彼ら自身が使うために小規模な農場でバニラを栽培していた。インドでバニラ産業を育てる試みは進まなかったが、1940年代にニーラギリ県のカラー・フルーツ・リサーチ・ステーションが研究を開始し、結果を出し始める。1990年代にはインドの政府助成金によるスパイス委員会がバニラ栽培を奨励し、多種多様な農家がバニラ栽培を始めた。そのため世紀の変わり目頃までには過剰生産が問題になっていたほどだ。現在は生産率はかなり下がった。インドで急成長する観光業と輸出業はバニラ産業に好影響を与えるはずだ。

◉インドネシア

インドネシアは世界最大の諸島で、1万4000近い島々と環礁を網羅する。その歴史には騒乱と変動、外国による干渉と政情不安が刻まれているが、現在は世界第2位のバニラ生産国である。1817年にオランダ人が蔓を持ちこみ、東南アジア最古の植物園のひとつ、ボゴール植物園で栽培を始めたようだ。栽培の中心地であるバリ島では、1970年代初頭に栽培が始まり、1980年代にはマダガスカルに並ぶ生産量を誇った時期もある。もうひとつの主要産地はジャワ島南部だ。インドネシアのバニラ生産は近年減少している。政府が成長著しい観光産業への支援を強化し始め、それがバニラ産業にとっては逆風となっているためである。

◉マダガスカル

マダガスカルは、アフリカ南東部の沖合４００キロに位置する世界で4番目に大きな島だ。地球上でマダガスカルでしか見られないすばらしい木々や花、植物が大量に茂っている。肥沃な土地と熱帯気候はバニラ栽培にとって理想的だ。島の北東部のサヴァ地区には多くの小都市がある。そのうちのサンバヴァ（Sambava）、アンタラハ（Antalaha）、ヴォヘマル（Vohemar）、アンダパ（Andapa）の4都市の頭文字からサヴァ（SAVA）地区という名称が生まれた。バニラ生産の中心地とみなされるのがこのサヴァ地区だ。バニラはマダガスカルの主要輸出作物だが、興味深いことに、現地のマダガスカルの人々はバニラの風味を好んでいない。そのため自身の食べ物や医薬品、文化全般にバニラを取り入れたことはなかった。バニラ製品が親しまれているのはほぼ観光地のみだ。

生産農家の生活水準は低く、手間がかかる高価な植物の栽培のために長時間労働を強いられるのが普通だ。バニラ農家と家族はたいてい数百人規模の非常に小さな村で暮らしているので、道路はでこぼこ、水道も下水設備も電気もない生活を我慢しなければならない。大都市以外では病院や学校も不足している。老若男女、あらゆる年齢の人々が、特製の竹の楊枝を使って何千ものバニラの花の授粉に1日の大半を費やしている。

バニラの価格が金や銀等の貴金属の価格に近づいても、生産農家から未熟な莢を安価で買い取り小売商へ売る中間商人ほどの利益を農家自身が受け取ることはめったにない。だが生産者もここ10年で知恵をつけうまく立ち回っている。現在の高値が原因で、島ではバニラの窃盗やバニラを利用したマネーロンダリングといった犯罪や腐敗が相次いでいる。盗賊から捨て身でバニラを守ろうとして命を失う農民がいる一方で、バニラを盗もうとして殺される犯罪者もいる。大規模な卸売業者は、盗難を食い止めるための思い切った対策を取らざるを得ず、たとえば、労働者がバニラの保管所から外に出る際は全身チェックを行っている。2019年の時点ではバニラの価格はある程度安定してきたが、歴史的に見ると高い水準のままだ。マダガスカルのバニラ産業は、予測できない劇的な自然現象によって今後も活況と不況を繰り返すだろう。

◉メキシコ

メキシコでは現在もベラクルス州でバニラ栽培が続いている。しかし、骨の折れる工程と長い生育期間が原因で、もっと栽培が簡単で早く市場で売ることができる作物に乗り換える農家も出ている。森林伐採が原因でかつてバニラが繁茂していた木々は減少し、気候変動による気温上昇で、農家は以前より高い海抜で植えつけをしなければならなくなった。それでもメキシコはいまだにバニラ輸出量でトップクラスの国のひとつだ。

◉レユニオン島

かつてブルボン島と呼ばれていたレユニオン島は、インド洋で初めてバニラを栽培した島だ。レユニオンはマダガスカルから東へ約８００キロの場所にある。現在までフランス管理の農業施設が運営されてきた。たいていの場合、協同組合と個人所有のプランテーションの両方がバニラを生産している。ここでは過酷な気候条件と、疫病や高い人件費が理由で、過去１００年間にわたりバニラ生産量が大幅に減少し続け、生産拠点が隣の島のマダガスカルに移ってしまった。この島を訪れたら、郷土料理の「カモのバニラ風味」をお試しあれ。

◉アメリカ、ハワイ

ハワイ諸島でもバニラ生産を始めようという動きがわずかながらに見られたが、ささやかな成功を収めたという程度の結果に終わった。しかし年々増える起業家は、少し手をかければ、たとえばオーガニック市場のようなニッチな市場の要求を満たす潜在能力がバニラ産業には間違いなくあると感じている。しかし、他の産地に比べて生産コストが高いことが計画を妨げるかもしれない。

◉アメリカ、フロリダ

フロリダ大学農業科学研究所トロピカル・リサーチ・アンド・エデュケーション・センター（ホームステッド市）助教、ドクター・アラン・チェインバーズはつぎのように述べる。

リサーチャーは、フロリダ州南部で将来的にバニラ栽培が可能かどうかを見極めるための研究を行っている。鍵になるのは天候だ。地元の蘭も、この州が未来のバニラ生産地になるか否かの指標になるだろう。(1)

◉プエルトリコ

1909年、アメリカ連邦政府がプエルトリコ島の西部に位置するマヤグエス地域でバニラ栽培の実験を始めた。しかしこの試みは失敗に終わった。1950年代にプエルトリコをたて続けに襲ったハリケーンが原因だ。それでもバニラ生産が完全に消滅したわけではないので、現在の高値が引き金となって今後10年間で生産量は増加すると予想される。

◉サモア諸島

太平洋上の島々からなるサモアでは、バニラ生産は非常に限られている。目下のところ、いまだにバニラ栽培にかかわる農家はわずか数軒だ。ほんの10年前の60軒以上からここまで減少した。長期間の重労働と、バニラの莢を市場に出すまでにかかる長い時間が、この急激な減少の要因だ。サモア政府は地元民に、「バケツ1杯のバニラの莢」は「トラックいっぱいのココナッツ」よりも価値があると説得し続けてきた。この努力はまあまあの成功を見せている。

and tirados joselito the image on p. 39, under conditions imposed by a Creative Commons Attribution-Share Alike 2.0 Generic license; J. Ollé has published the image on p. 27, under conditions imposed by a Creative Commons Attribution- Share Alike 3.0 Unported license; Walter Siegmund has published the image on p. 128, under conditions imposed by a Creative Commons Attribution-Share Alike 3.0 Unported, 2.5 Generic, 2.0 Generic and 1.0 Generic license; Teodoro Cano has published the image on p. 50, under conditions imposed by a Creative Commons Attribution 4.0 International license; and Alkemieug has published the image on p. 38, under conditions imposed by a Creative Commons Attribution-Share Alike 4.0 International license. Readers are free to share – to copy, distribute and transmit this image alone; or to remix – to adapt these images alone, under the following conditions: attribution – readers must attribute the image in the manner specified by the author or licensor (but not in any way that suggests that these parties endorse them or their use of the work).

写真ならびに図版への謝辞

本書に図版を提供し、掲載を許可してくれた下記関係者に、著者と出版社よりお礼を申し上げる。一部は簡潔にキャプション内で紹介した。

Photos aabbbccc/Shutterstock.com: pp. 37, 108; Ori Artiste/Shutterstock.com: p. 20; photo Pierre-Yves Babelon/Shutterstock.com: p. 32; Biblioteca Nazionale Centrale, Florence: p. 58; photos Bouba: pp. 35, 79, 151; Casvero: p. 81; Château de Versailles: p. 68; from Norman Franklin Childers, *Vanilla Culture in Puerto Rico* (Washington, DC, 1948): p. 34; photo Clever Cupcakes: p. 70; from *Betty Crocker, Betty Crocker's Cook Book for Boys and Girls* (New York, 1957): p. 97; from *Curtis's Botanical Magazine*: pp. 12 (vol. cxxxi [4th Series, no. 1], 1905), 43 (vol. cvii [3rd Series, no. 47], 1891); from *Deutsche botanische Monatsschrift*, xxiii /12 (October, 1912): p. 60; photo Everett Collection/ Shutterstock.com: p. 86; photo Everett Historical/ Shutterstock.com: p. 91; photo Everglades National Park (U.S. National Park Service): p. 22; photo FAMSI (Foundation for the Advancement of Mesoamerican Studies, Inc.): p. 58; photo Hitdelight/ Shutterstock.com: p. 105; photo Brent Hofacker/Shutterstock.com: p. 44; from Franz Eugen Köhler, *Köhler's Medizinal- Pflanzen*, vol. ii (Gera-Untermhaus, 1888–90): p. 18; photo Jay Lee/Shutterstock.com: p. 30 (foot); photo Beirne Lowry: p. 101; from McCormick & Co., *Spices, their Nature and Growth; the Vanilla Bean; a Talk on Tea* (Baltimore, MD, 1915): p. 126; Metropolitan Museum of Art (Open Access): p. 46; National Portrait Gallery, London: p. 66;New-York Historical Society: p. 71; photo Oculo/Shutterstock.com: p. 48; photo Portumen/Shutterstock.com: p. 132; private collections: pp. 17, 75; photo Redgreen26/iStock.com: p. 6; from Bernadino de Sahagun, *Historia general de las cosas de Nueva España* (*Florentine Codex*), vol. iii (c. 1577) – photo Biblioteca Medicea Laurenziana, Florence: p. 64; from Edward R. Shaw, *Shaw's Discoverers and Explorers* (New York, Cincinnati and Chicago, 1900): p. 56; photo Stickpen: p. 24; from Artemas Ward, *The Encyclopedia of Food . . .* (New York, 1923): p. 42. Rv has published the image on 23, under conditions imposed by a Creative Commons Attribution 1.0 Generic license; Alex Popovkin has published the image on the top of p. 30 and demi the image on p. 8, under conditions imposed by a Creative Commons Attribution 2.0 Generic license; a.pasquier has published the image on p. 11

参考文献

'A Not-so-plain History of Vanilla', www.braums.com, 19 June 2015

Allemandu, Seglolene, 'Crisis in Madagascar as Price of Vanilla Nears That of Gold', www.france24.com, 20 April 2018

Attokaran, Mathew, *Natural Food Flavors and Colorants*, 2nd edn (Chicago, IL, and Chichester, 2017)

Ayto, John, ed., *An A–Z of Food and Drink* (Oxford, 2002)

Baker, Aryn, 'Vanilla Is Nearly as Expensive as Silver: That Spells Trouble for Madagascar' , http://time.com, 13 June 2018

Barrera, Laura Caso, and Mario Aliphat Fernandez, 'Cacao, Vanilla, Annatto: Three Production and Exchange Systems in Southern Maya Lowlands, xvi–xvii Centuries', *Journal of Latin American Geography*, V/2 (2006), pp. 29–52

Barrett, Spencer C. H., 'The Evolution of Plant Sexual Diversity', www.nature.com, 2 April 2002

Bellis, Mary, 'The History of the Soda Fountain', www.thoughtco.com, 12 February 2019

Bomgardner, Melody M., 'The Problem with Vanilla', www.scientificamerican.com, 14 September 2016

Bory, Séverine et al., 'Biodiversity and Preservation of Vanilla: Present State of Knowledge', *Genetic Resources and Crop Evolution*, lv/4 (June 2008), pp. 551–71

Brillat-Savarin, Jean Anthelme, *Physiologie du Goût: Meditations de Gastronomie Transcendante* (Paris, 1841)（ブリア＝サヴァラン『美味礼讃』、玉村豊男編訳、中央公論新社）

Brennan, Georgeanne, *Williams-Sonoma Salad of the Day: 365 Recipes for Everyday of the Year* (San Francisco, CA, 2012)

Briscione, James, and Brooke Parkhurst, *The Flavor Matrix: The Art and Science of Pairing Common Ingredients to Create Extraordinary Dishes* (New York, 2018)（ジェイムズ・ブリシオーネ、ブルック・パーカースト『フレーバー・マトリックス――風味の組み合わせから特別なひと皿を作る技法と科学』、目時能理子、中村雅子訳、SBクリエイティブ）

Bruman, Henry, 'The Cultural History of Vanilla', *Hispanic Historical Review*, XXVIII/3

(1948), pp. 360–76
Buccellato, F., 'Vanilla in Perfumery and Beverages', in *Handbook of Vanilla Science and Technology*, 2nd edn, ed. Daphna Havkin-Frenkel and Faith C. Belanger (Hoboken, NJ, and Chichester, 2011), pp. 37–8
Burton, James, 'The Leading Countries in Vanilla Production in the World', www.worldatlas.com, 1 February 2019
Cameron, Ken, *Vanilla Orchids: Natural History and Cultivation* (Portland, OR, and London, 2011)
Chambers, Alan, 'Potential for Commercial Vanilla Production in Southern Florida', https://crec.ifas.ufl.edu, 7 June 2018
Chin, Mei, 'Casanova: A Man's Healthy Appetite with All Life's Pleasures', www.irishtimes.com, 13 February 2018
Chow, Kat, 'When Vanilla Was Brown And How We Came to See it as White', www.npr.org, 23 March 2014
Collins, Maurice, *Cortes and Montezuma* (London, 1954)
Crosby Jr., Alfred, *The Columbian Exchange* (Westport, CT, 1992)
Curti-Diaz, Erasmo, *Cultivo y beneficiado de la vainilla en Mexico. Folleto technico para productores* (Papantla, Veracruz, 1995)
C. D., 'Why There Is a Worldwide Shortage of Vanilla', www.economist.com, 28 March 2019
Denn, Rebekah, 'Vanilla Extract Costs What? A Worldwide Shortage Means It's Time to Find Other Options', www.seattletimes.com, 4 September 2018
Ecott, Tim, *Vanilla: Travels in Search of the Ice Cream Orchid* (New York, 2004)
Endersby, Jim, *Orchid: A Cultural History* (Chicago, IL, and London, 2016)
Eurovanille, www.eurovanille.com/en
Evans, Meryle, 'The Vanilla Odyssey', *Gastronomica: The Journal of Critical Food Studies*, VI/2 (2006), pp. 91–3
'Extracts', www.mccormick.com, 8 March 2019
Feydeau, Elizabeth de, *Jean-Louis Fargeon, Parfumeur de Marie-Antoinette* (Versailles, 2005)（エリザベット・ド・フェドー『マリー・アントワネットの調香師――ジャン・ルイ・ファージョンの秘められた生涯』、田村愛訳、原書房）
Food Non-Fiction, '#52The Price of Vanilla', www.foodnonfiction.com, 19 May 2016
Fortini, Amanda, 'The White Stuff: How Vanilla Became Shorthand for Bland', https://slate.com, 10 August 2005

Foster, Lynn V., *Handbook to Life in the Ancient Maya World* (New York, 2002)

Funderburg, Ann Cooper, *Chocolate, Strawberry, and Vanilla: A History of American Ice Cream* (Bowling Green, OH, 1995)

Glasse, Hannah, *The Art of Cookery* [1747], www.archive.org, 11 July 2019

Havkin-Frenkel, Daphna and Faith C. Belanger, eds, *Handbook of Vanilla Science and Technology*, 2nd edn (New Brunswick, NJ, 2011)

Hernández-Hernández, J., 'Mexican Vanilla Production', in *Handbook of Vanilla Science and Technology*, 2nd edn, ed. D. Havkin-Frenkel and F. C. Belanger (Hoboken, NJ, 2011), p. 6

Hess, Mickey, 'Hip-Hop Realness and the White Performer', *Critical Studies in Media Communication*, XXII/5 (December 2005), pp. 372–89

Hoffman, Patrick G., and Charles M. Zapf, 'Flavor, Quality, and Authentication', in *Handbook of Vanilla Science and Technology*, 2nd edn, ed. D. Havkin-Frenkel and F. C. Belanger (Hoboken, NJ, 2011)

Innes, Hammond, *The Conquistadores* (London, 1969)

Jiménez, Álvaro Flores et al., 'Diversidad de Vainilla ssp. (Orchidaceae) y sus perfiles bioclimaticos en Mexico', *Revista de Biologia Tropical*, LXV/3 (September 2017), pp. 975–87

Kennedy, C. Rose, and Kaitlyn Choi, 'The Flavor Rundown: Natural vs Artificial Flavors' , http://sitn.hms.harvard.edu, 21 September 2015

Kouri, Emilio, *A Pueblo Divided: Property and Community in Papantla, Mexico* (Stanford, CA, 2004)

Lanza, Joseph, *Vanilla Pop: Sweet Sounds from Frankie Avalon to ABBA* (Chicago, IL, 2005)

Laumer, John, 'Plain Vanilla Fail: A Matter of Climate Change, Population Growth, and Clear-cutting?', www.treehugger.com, 15 April 2012

Lohman, Sarah, 'The Marriage of Vanilla', www.laphamsquarterly.org, 4 January 2017

López de Gómara, Francisco, *Historia general de las Indias y Vida de Herna´n Corte´s* (Caracas, 1979)

Lubinsky, Pesach, Matthew Van Dam and Alex van Dam, 'Pollination of Vanilla and Evolution in the Orchidaceae', *Orchids*, LXXV/12 (2006), pp. 926–9

—, et al., 'Origins and Dispersal of Cultivated Vanilla (Vanilla planifolia Jacks. Orchidaceae)', *Economic Botany*, LXII/2 (2008), pp. 127–38

McElveen, Ashbell, 'James Hemings, a Slave and Chef for Thomas Jefferson', www. nytimes.com, 4 February 2016

Medina, Javier De La Cruz, Guadalupe C. Rodriguez Jiménez and Hugo S. Garcia, 'Vanilla: Post-harvest Operations', www.fao.org, 16 June 2009

Odoux, Eric, and Michael Grisoni, eds, *Vanilla, Medicinal and Aromatic Plants – Industrial Profiles* (Boca Raton, FL, London and New York, 2010)（エリック・オドゥー、ミッシェル・グリゾニ『バニラのすべて——起源・生態・栽培・生産・利用を網羅』、谷田貝光克監訳、フレグランスジャーナル社）

OEC World, https://oec.world/en/profile/hs92/0905, 2 June 2019

Otterson, Joe, 'Vanilla Ice Laments Modern Music: "They Call This the Lost Generation"', www.thewrap.com, 15 April 2016

Peck, Douglas T., 'The Geographical Origin and Acculturation of Maya Advanced Civilization in Mesoamerica', *Revista de Historia de America*, CXXX (2002)

Pilling, David, 'The Real Price of Madagascar's Vanilla Boom', www.ft.com, 4 June 2018

Powers, Karen, *Women in the Crucible of Conquest: The Gendered Genesis of Spanish American Society, 1500–1600* (Albuquerque, NM, 2005)

Rain, Patricia, *Vanilla Cookbook* (Berkeley, CA, 1986)

—, *Vanilla: The Cultural History of the World's Most Popular Flavor and Fragrance* (New York, 2004)

Ramirez, Santiago R. et al., 'Dating the Origin of the Orchidaceae from a Fossil Orchid with Its Pollinator', *Nature*, CDXL/7157 (30 August 2017)

Ranadive, A. S., 'Quality Control of Vanilla Beans and Extracts', in *Handbook of Vanilla Science and Technology*, 2nd edn, ed. D. Havkin-Frenkel and F. C. Belanger (Hoboken, NJ, 2011), p. 145

Randolph, Mary, *The Virginian Housewife* (Baltimore, MD, 1824)

Reinikka, Merle A., *A History of the Orchid* (Portland, OR, 1995)

Risch, Sara J., and Chi-Tang Ho, eds, *Spices: Flavor Chemistry and Antioxidant Properties, acs Symposium Series 660* (Oxford, 1997)

Rouhi, A. Maureen, 'Fine Chemical Firms Enable Flavor and Fragrance Industry', *Chemical Engineer News*, 14 July 2003, p. 54

Sawyer, Janet, *Vanilla: Cooking with One of the World's Finest Ingredients: Cooking with the King of Spices* (London, 2014)

Schwartz, Stuart B., *Victors and Vanquished: Spanish and Nahua Views of the Conquest of Mexico* (New York, 2000)

Sever, Shauna, *Pure Vanilla: Irresistible Recipes and Essential Techniques* (Philadelphia, PA, 2012)

Siegel, Matt, 'How Ice Cream Helped America at War', www.theatlantic.com, 6 August 2017

Smith, Andrew, ed., *The Oxford Encyclopedia of Food and Drink in America*, 2nd edn (Oxford, 2013)

Spector, Dina, 'The Twinkie Changed for Good Thanks to World War II', www.businessinsider.com, 17 November 2012

Spiegel, Alison, 'It's about Time You Knew Exactly Where Vanilla Comes From', www.huffpost.com, 6 November 2014

Stuckey, Maggie, *The Complete Spice Book* (New York, 1999)

Toledo, Victor M., et al., 'The Multiple Use of Tropical Forest by Indigenous Peoples in Mexico: A Case of Adaptive Management', *Conservation Ecology*, VII/3 (December 2003), pp. 1–17

Townsend, Camilla, 'Burying the White Gods: New Perspectives on the Conquest of Mexico', *American Historical Review*, CVIII/3 (June 2003), pp. 659–97

'Vanilla and Climate Change', www.vanille.com, 17 February 2016

'Vanilla Extract', www.fda.gov, 2018

'Vanillas and Flavors', https://nielsenmassey.com, 2017

Young, James Harvey, 'Three Atlanta Pharmacists', *Pharmacy in History*, XXXI/1 (1989), pp. 16–17

レシピ集

「バニラのかぐわしい香り」

——ジャン・アンテルム・ブリア=サヴァラン著

『美味礼讃』（1841 年）

［玉村豊男編訳。中央公論新社。2021 年］

人のさまざまな感情のなかでも、とくに郷愁は、非常にささいでひどく偶発的な出来事やアイテムによってかきたてられることがままある。そういう気持ちは幸福から後悔にいたるまで幅広く、そのはざまを埋めるあらゆる感情が含まれる。このような感情が突然よみがえることを警戒する人もいるだろう。1970 年代のニューヨーク市で迎える新しい時代は、すばらしく魅力的だった。当時のわたしはカリブ諸島から到着したばかりの無数の移民のひとりにすぎなかった。移民たちはマンハッタンからほど近い、人種ごとの共同体に定住した。あの頃わたしが家族とともに暮らした数か所のアパートメントは、どこも広いとは言えず、キッチンもせまかったが機能的ではあった。そんなキッチンから流れでる得も言われぬ香りは、わたしという存在とわたしの祖国の文化に深く根をおろしていた。大切な思い出の多くはキッチンと、そこから生まれた食事やデザートのまわりをぐるぐる回っているのだ。ここで紹介するわたしのお気に入りの香りのレシピにみなさんが思い切って挑戦し、楽しんでくれることを願っている。

驚くほど美味な食べ物の組み合わせ《フードペアリング》

◉バニラ・スクランブルエッグ

L サイズの玉子…4 個
牛乳…大さじ 1（豆乳やアーモンド・ミルク等、乳製品ではないミルクで代用可）
バニラ・シード…小さじ ½
溶かしバター…大さじ 1（風味が穏やかで無香の中性油、またはオイル・スプレーで代用可）
塩、コショウ…適量

1. 大きめのボウルに玉子を割り入れる。
2. 牛乳、バニラ・シードを加え、塩、コショウで好みの味に調える。
3. 泡立て器で泡立てる。
4. フライパンにバターまたはオイルを薄く塗って温める。熱くなりすぎないように注意する。
5. 3 をフライパンに入れ、全体をヘラで中央に寄せながら火の通った部分を崩し、全体に火を通す。
6. 火を止め、フライパンから皿に盛りつける。

……………………………………………

◉ゆでアスパラガスのバニラレモン・ビネグレット・ソースがけ

アスパラガス…1束（約400*g*）
レモン果汁…60*ml*
赤ワインビネガー…大さじ2
オイル…大さじ2（菜種油、キャノーラ油、グレープシードオイル、コーン油）
バニラの莢…½本
塩、コショウ…適量

1. 大きめのボウルに氷水を用意する。
2. 大きめのソースパンに2リットルの水を入れ、沸騰させる。
3. アスパラガスのすじっぽい端の部分を切り落とす。
4. 沸騰した湯に3のアスパラガスを入れて、2～3分ゆでる。ゆで時間は太さによって加減する。
5. ゆであがったらざるにあけ、1の氷水で冷ます。

ビネグレット・ソース

1. 小さめのボウルにレモン果汁、赤ワインビネガー、オイル、バニラの莢を入れて攪拌し、ビネグレット・ソースを作る。塩、コショウで味を調える。
2. ゆでて冷ましておいたアスパラガスの水気をふいて、皿に盛りつける。
3. アスパラガスにビネグレット・ソースをかける。

……………………………………………

◉焼き芋フライ

皮をむいたサツマイモ…900*g*
無味の植物油…大さじ2
バニラ・シード（莢からこそげ取る）…小さじ1
塩…小さじ1
黒コショウ…小さじ½

1. オーブンを175℃で予熱する。
2. サツマイモを長さ8*cm*、幅1.5*cm*のスティック状に切る。
3. 2をボウルに入れ、オイルをからめる。
4. 小さめのボウルにバニラ・シード、塩、黒コショウを入れて混ぜ、3のサツマイモのボウルに加える。
5. 4を天板に広げ、オーブンに入れる。
6. 約15～20分、茶色く色づき、表面がカリカリになるまで焼く。
7. 上下を返して約10分、裏側もカリカリになるまで焼く。
8. 温かいうちにいただく。

……………………………………………

◉貝のバニラ・ビネグレット・ソース

バニラ・シード（莢からこそげ取る）…小さじ½
白または赤ワインビネガー…120*ml*
エシャロット［玉ねぎの一種］または白玉ねぎ［通常の黄玉ねぎよりも皮が薄く辛みが少ない玉ねぎ］のみじん切り…大さじ2
あらびき白コショウまたは黒コショウ…大さじ1

塩…適量

1. 小さめのボウルにビネガーとバニラを入れ、よく混ぜる。
2. みじん切りにしたエシャロット、コショウを加え、塩で味を調える。
3. このビネグレット・ソースは生の二枚貝やカキに添えるカクテルソースの代わりになる。

……………………………………………

◉野菜ソテー

オリーブ油…大さじ1
バター…大さじ1
ニンニク…1片（みじん切り）
エシャロット…½個（あられ切り）
ズッキーニ…2本（縦に半分に切ってから薄切り）
黄色パプリカ…1個（大きめのざく切り）
バニラ・シード（莢からこそげ取る）…小さじ¼
塩…小さじ¼
コショウ…適量

1. 大きめのスキレットまたはフライパンを温め、オリーブ油とバターを入れ、バターが溶けるまで加熱する。
2. ニンニクを入れて3分ほど炒める。
3. そこにエシャロットを加えてさらに4分ほど炒める。
4. 残りの野菜、バニラ、塩、コショウを加え、全体がやわらかくなるまで炒める。加熱し過ぎないように注意する。
5. お好みの肉料理といっしょにいただく。

……………………………………………

◉炙り鶏むね肉とポーチド・アスパラガス・チップスのトマト・バジル・バニラ・クリームソース

ニューヨーク市立工科大学教授、ジャン・F・クロード・シェフのレシピ。

鶏むね肉…4枚（1枚約112g、骨と皮は除いておく）
オリーブ油…60g
エシャロット…60g（薄切り）
鶏ガラスープ…240ml
辛口白ワイン…120ml
トマト…60g（皮と種を除き、さいの目切り）
フレッシュバジル…大さじ1
ヘビークリーム（脂肪分の多い生クリーム）…240ml
バニラの莢…1本
バター…110g
新鮮なアスパラガス…230g
塩、白コショウ…適量

1. 大きめのスキレットまたはフライパンにオリーブ油を入れ、中火から強火であらかじめ温めておく。
2. 鶏むね肉に塩と白コショウで下味をつける。
3. 油が温まったら、鶏むね肉の厚みのある側を先にフライパンに押しつけてから全体を置く。

4. 約2分、きつね色になるまで焼く。
5. ひっくり返してさらに3～4分、ほぼ火が通るまで焼く。
6. 鶏肉をフライパンから耐熱皿に移し、180℃のオーブンで約22分加熱する。
7. 鶏肉に温度計を刺し、中心部の温度が75℃になっていることを確認する。

トマト・バジル・バニラ・クリームソース
（1人分30*g*、4人分）

1. アスパラガスの根元の硬い部分を切り落とす。
2. 1のアスパラガスを鶏ガラスープで2分ゆで、鍋からあげ、穂先をそろえて皿に並べる。
3. 厚底のソースパンにエシャロットとワインを入れて煮詰める。
4. そこに先ほどの鶏肉を入れて煮る。
5. ヘビークリームを加え､煮詰めていく。
6. バニラの莢を縦に半分に裂き、ナイフの背を使ってシードを取り出す。
7. バニラ・シードをソースパンのクリームに加える。
8. ソースパンを火からおろし、バターを加えてゆっくり混ぜ、ソースにする。
9. バジルの葉をタバコのように細長く巻いて、千切りにする。
10. 9のバジルとさいの目切りのトマトをソースに加える。
11. 塩、コショウで味を調える。
12. 鶏むね肉を取り出して薄切りにし、2のアスパラガスの上に盛りつける。
13. ひとりにつき30*g*のソースを鶏むね肉にかける。

………………………………………

●ざく切りトマトのシロップ漬け

トマト（完熟ではないもの）…225*g*
水…450*ml*
砂糖…450*g*
ピュア・バニラ・エクストラクト…小さじ1
シナモン・スティック…小さめの1本
塩…ひとつまみ
レーズン（お好みで）…適量

1. トマトのへたの反対側に果物ナイフで十字の切れ目を入れる。
2. 沸騰した湯のなかに1のトマトを入れ、15～30秒漬ける。
3. 穴じゃくしでトマトを鍋からすくいあげ、氷水に30秒ほど漬けて、手で触れるくらいまで冷ます。
4. 十字の切れ目から皮をむく。
5. 4のトマトを半分に切って種を取り除いてからざく切りにする。
6. ソースパンに砂糖と水を入れて火にかけ、砂糖を溶かす。
7. スプーンですくうともったりするまで煮詰めてシロップを作る。
8. 7のソースパンにバニラ、塩、シナモン・スティック、お好みでレーズンを加える。
9. そこにざく切りにしたトマトを加え、5分ほど加熱する。
10. 常温まで冷ましてからいただく。

◉バニラとチョコチップのパンケーキ

中力粉…450g
ベーキングパウダー…小さじ2
重曹…小さじ1½
砂糖…小さじ2
塩…小さじ½
Lサイズの玉子…2個（軽く溶く）
全乳［脂肪分を抜いていない牛乳］（もしくはお好みの脱脂乳）…420*ml*
無塩バター…小さじ2（溶かして冷ます）
ピュア・バニラ・エクストラクト…大さじ2
溶かしバター（または中性植物油）…60*ml*
チョコチップ…112*g*
温めたシロップ…適量

1. 中力粉、ベーキングパウダー、重曹、塩をふるいにかけて大きめのボウルに入れる。
2. そこに砂糖を加えて混ぜ、中央をくぼませる。
3. 軽く溶いた玉子、牛乳、バニラ、溶かしバターをくぼみに注ぎ入れる。
4. 中心部から徐々に外側へ向かって泡立て器で混ぜ、少しだまが残る程度に全体をなじませる。ここで混ぜすぎると、パンケーキが充分にふくらまないので注意。
5. 4の生地にチョコチップを入れて静かにていねいに混ぜ合わせる。
6. フッ素樹脂加工のフライパンを中火から強火で温め、溶かしバターまたは植物油を引く。
7. 110*g*の生地をフライパンの真ん中にゆっくりと注ぐ（生地は自然に円形に広がる）。
8. 2分ほど焼く。生地の中心部にふつふつと泡が出てはじけ始めたら、きつね色になった合図なので、フライ返しでひっくり返す。
9. さらに1分ほど焼き、返した面もきつね色になったら耐熱皿に盛りつける。
10. 残りの生地も同じように焼く。
11. 温めたシロップをかけていただく。

◉炙りサーモンのハチミツ、バルサミコ酢、バニラ・グレーズがけ

ジャネット・ソーヤー著『バニラ：世界でもっともすばらしい材料を使った料理：スパイスの王を使った料理 *Vanilla: Cooking with One of the World's Finest Ingredients: Cooking with the King of Spices*』のレシピより。

サーモンの切り身…80*g*
オリーブ油…小さじ2（グレーズ用）
ハチミツ…小さじ1
バニラ・シードまたはバニラ・ペースト…小さじ1
塩、コショウ…適量
ミックス・ベビーリーフ…115*g*
オリーブ油…大さじ2（ビネグレット用）
赤ワインビネガー…大さじ1

1. 小さめのボウルにオリーブ油小さじ2、ハチミツ、バニラ・シード、塩を

入れて混ぜ、グレーズを作る。
2. サーモンを浅めの皿に入れ、1のグレーズを塗って1〜2時間おく。
3. サーモンを魚焼きグリルまたは焼き網で10分ほど、グレーズが表面でパリパリに固まり、サーモン全体に火が通るまで加熱する。加熱しすぎると身がぱさつくので注意。
4. 別の小ぶりのボウルにオリーブ油大さじ2と赤ワインビネガーを入れて混ぜ、塩、コショウで味を調えビネグレットを作る。
5. ミックス・ベビーリーフを中くらいのボウルに入れ、4のビネグレットをかけて軽く混ぜる。
6. サーモンを個々の皿に盛り、5のベビーリーフを添える。

……………………………………………

◉フレッシュ・ストロベリーとほうれん草のサラダ

ジョージアン・ブレナン著『ウィリアムズ・ソノマ今日のサラダ：1年365日のためのレシピ *Williams-Sonoma Salad of the Day: 365 Recipes for Every Day of the Year*』のレシピより。

サラダほうれん草…450*g*
イチゴ…110*g*（半分に切る）

ビネグレット・ソース用
菜種油またはキャノーラ油（お好みの中性油で可）…大さじ2
バルサミコ酢…大さじ2
バニラ・シード…小さじ½（または、ピュア・バニラ・エクストラクト…小さじ¼）
塩、コショウ…適量

1. 小さめのボウルに菜種油、バルサミコ酢、バニラ、塩、コショウを入れ、しっかり混ぜ合わせる。
2. 中くらいのボウルにほうれん草とイチゴを入れる。
3. 1のソースをかけ、全体によくからめる。
4. 塩と、お好みでコショウを加えて味を調える。

……………………………………………

◉ドミニカン・ケシージョ（フラン）

著者の母のレシピ。

カラメル・ソース用
砂糖…224*g*
水…120*ml*

1. 厚手のソースパンに砂糖と水を入れて約5分強火にかけ、沸騰したら火を弱め、きつね色のねっとりしたカラメル・ソースを作る。焦がさないようにくれぐれも注意！
2. 直径25*cm*の浅い耐熱皿にカラメルを静かに注ぎ、皿を回すように動かしてシロップを広げ、底と側面をまんべんなく覆う。

ケシージョ生地用
卵黄…5個分
無糖練乳（エバミルク）…240*ml*

加糖練乳…240ml
バニラ・エクストラクト…小さじ1
レーズン…大さじ2
塩…ひとつまみ

トッピング（お好みで）
水…大さじ1
バニラ・エクストラクト…小さじ½
パイナップルの砂糖漬け…112g

1. オーブンを163℃で予熱しておく。
2. 卵黄、加糖練乳、無糖練乳を混ぜる。
3. 2にバニラを加えてから茶こしやざるでこす。卵黄のかたまりが残らないように注意する。
4. 3にレーズンを加え、カラメルの耐熱皿に移す。カラメルを崩さないように気をつける。
5. ひと回り大きな深めの焼き型に半分ほど水を入れ、そこに4の皿を入れる。水が中に入らないように注意する。
6. 5をオーブンに入れ、2時間20分焼く。竹串を刺してどろっとした生地がついてこなければできあがり。
7. オーブンから出して、常温で冷ます。
8. 耐熱皿と生地のすきまにディナーナイフを差しこんで、縁に沿ってぐるりと一周させる。
9. シロップがこぼれないように深さのある皿を用意し、8の上に置いてひっくり返す（ケシージョが皿の上に落ちる音が聞こえる）。
10. パイナップルの砂糖漬けとバニラ・エクストラクト、水大さじ1を混ぜ、ケシージョの上に塗り広げる。
11. 完成したケシージョを冷蔵庫で約1時間冷やしてからいただく。

…………………………………………

◉ライス・プディング

著者の一家に伝わるレシピ。

長粒米…75g
牛乳または無糖練乳（お好みで豆乳等でも可）…700ml
砂糖…56g
塩…ひとつまみ
ピュア・バニラ・エクストラクト…大さじ1
シナモン・スティック…1本（または粉末バニラ…小さじ½）
ライムまたはレモンの皮（白い筋を取り除いたもの、お好みで）…2.5cm
レーズン（お好みで）…56g

1. 米をとぐ。
2. 中くらいのソースパンに米、牛乳、ライムまたはレモンの皮、塩、シナモン・スティックを入れる。
3. 中火で20～25分、鍋底に焦げつかないように混ぜながら加熱する。
4. 米がやわらかくなったら、ライムまたはレモンの皮とシナモン・スティックを取り出す。
5. 砂糖、バニラ・エクストラクト、レーズンを加え、さらに5分間加熱する。
6. 完成したライス・プディングを冷まし、小ぶりのデザートボウルに盛りつける。

◉簡単バニラ・プディング

全乳…240ml
卵黄…1個分
砂糖…小さじ1½
ピュア・バニラ・エクストラクト…小さじ1
コーンスターチ…大さじ1
塩…ひとつまみ

1. 小さめのソースパンにすべての材料を入れ、しっかり混ぜ合わせる。
2. 1のソースパンを中火にかけ、全体を混ぜながら加熱し、とろみがついたら火からおろす。
3. 小ぶりのデザートボウルに2のプディング生地をスプーンで入れ、冷蔵庫で10分冷やす。
4. しっかり冷えたら、デザートやおやつとしていただく。

◉オレンジ・バニラ・ビネグレット

オレンジ果汁…オレンジ2個分
アップルサイダー・ビネガー［非加熱のリンゴ果汁を自然発酵させた酢］…大さじ1
オリーブ油…240ml
ホットソース…4滴
ハチミツ…小さじ1
バニラ・エクストラクト…小さじ1½
レモン果汁…レモン1個分
塩…小さじ¼
黒コショウ…適量

1. 材料をすべてボウルに入れる。
2. 泡立て器でよく混ぜ、ビネグレット・ソースを作る。
3. ミックスグリーン・サラダ（ロメインレタス、オークリーフ・レタス、エンダイブ、赤チコリ）にかけていただく。

◉バニラ・カップケーキ（粉砂糖がけ、またはフロスティング）

ニューヨーク市立工科大学助教、シェフパティシエ、タリア・ペリクリーズのレシピより。

中力粉…448g
グラニュー糖…336g
塩…小さじ1
重曹…小さじ1
玉子…2個
ピュア・バニラ・エクストラクト…大さじ2
バターミルク…240ml
植物油…400ml
白ワインビネガー…小さじ1
粉砂糖…75g（カップケーキにふりかける）

1. オーブンを175℃で予熱する。
2. マフィン型2枚（24個分）に型紙をしく。
3. 中力粉、グラニュー糖、塩、重曹を大きめのボウルで混ぜ、中央をくぼませる。
4. 別の大きめのボウルに玉子、バニラ、バターミルク、植物油、ビネガーを入

れて泡立てる。
5. 3のくぼみに4を加えて全体がなじむまで、少しだまが残る程度によく混ぜる。だまがまったくない状態は混ぜ過ぎなので注意。
6. 型の半分ほどまで、すべての型の分量が同じになるように生地を入れる。
7. オーブンで22～25分ほど焼く。竹串を刺してどろっとした生地がついてこなければ、あるいは指で軽く押して弾力があればできあがり。
8. オーブンから出し、型のまま5分ほど冷ます。
9. 型からカップケーキを出し、ワイヤーラックに並べ、完全に冷ます。
10. 粉砂糖を茶こしに入れ、カップケーキにかける。フロスティングでもよい。

フロスティング用（カップケーキ24個分）
粉砂糖…450g（茶こしでふるう）
牛乳…大さじ1½
ピュア・バニラ・エクストラクト…小さじ1
塩…小さじ⅛
無塩バター…200g（さいころ状に切る）

1. スタンドミキサーにパドル・アタッチメントをつける。
2. ミキサーのボウルに砂糖を入れ、牛乳、塩を加え、砂糖が均一になるように低速で混ぜる。
3. 2の生地ではまだ水分が足りないので、しっとりさせるためにバターを加え、ミキサーのスピードを低速から中速、高速に徐々にあげながら混ぜていく。
4. ふわふわの軽い質感になるまで3～4分撹拌する。
5. 残り1分になったら、バニラ・エクストラクトを加えてできあがり。
6. カップケーキが冷めたらフロスティングする。

………………………………………

◉トマス・ジェファーソン・アイスクリーム

アメリカ議会図書館所蔵、トマス・ジェファーソン・ペーパーズより。https://www.monticello.org/thomas-jefferson

ヘビークリーム…2リットル
砂糖…225g
バニラの莢…1本
卵黄…6個分

1. 大きめの厚手のソースパンに、クリームと砂糖を入れる。
2. バニラの莢を縦方向に半分に切り、鋭いナイフで中のシードをこそげ取って莢といっしょに1のソースパンに入れる。
3. 2を中火にかけ、縁が泡立つまで加熱する。
4. そこに砂糖を加え、混ぜて溶かす。
5. 小さめのボウルに卵黄を入れ、淡い黄色になるまで泡立てる。
6. 4の温かい生地を少しずつ静かに5に加え、その都度よく泡立てながら全

体を混ぜあわせる。
7. 6の生地をソースパンに戻して弱火にかけ、絶えず混ぜながら加熱する。
8. 金属製のスプーンで生地をすくって傾けてもスプーンの表面に残るくらいの濃度になり、温度が70℃になるまで加熱する。
9. 沸騰する前に火を止め、すぐにボウルに移す。
10. 平鍋に氷水を入れ、9のボウルを漬ける。
11. ときどき静かに混ぜながら、2分間冷ます。
12. バニラの莢を取り除く。
13. 生地の表面にクッキングシートを押しつけ、冷蔵庫で数時間、またはひと晩寝かせる。
14. 冷蔵庫からボウルを取り出し、アイスクリームフリーザー容器の⅔まで生地を入れる。
15. カスタードを冷凍する際のアイスクリームフリーザー容器メーカーの指示に従う。
16. 容器を冷凍庫に入れ、固まるまで4〜6時間冷凍する。
17. 残りのカスタードも同じ手順で容器に入れて冷凍する。

……………………………………………

◉バニラ・シュガー

グラニュー糖…450*g*
バニラの莢（前出のレシピでシードを取り出した莢で可）…1〜2本

1. グラニュー糖と莢を密閉容器に入れる。
2. 冷暗所で2日間寝かせる。

……………………………………………

◉おばあちゃんのクリームチーズ・パイ

ニューヨーク市立工科大学助教、シェフパティシエ、スーザン・リフレーリ＝ローリーのレシピより。

クラスト用
ダブルグラハムクラッカーまたはダイジェスティブビスケット…7枚（細かく砕く）
（グラハムクラッカーがない場合は、シナモン・パウダー小さじ½をダイジェスティブビスケットに加える）
溶かしバター…大さじ3
砂糖…大さじ1

1. 砕いたグラハムクラッカー（またはダイジェスティブビスケットとシナモン）、溶かしバター、砂糖をなめらかになるまで混ぜる。あとで使うので、砕いたクラッカー110*g*分は残しておく。
2. 20*cm*のパイ皿に1を押しつけるように敷き詰める。
3. 180℃のオーブンで8〜10分間、香りがたつまで焼く。

フィリング用
クリームチーズ…340*g*
玉子…2個
砂糖…110*g*

バニラ・エクストラクト…小さじ1
バニラ・シード（ここで使うのは莢のなかの種のみだが、莢も別の用途があるので捨てない）…1本分

1. クリームチーズと砂糖をなめらかになるまで混ぜる。
2. 1に玉子をいちどに加えてから、バニラ・シードとエクストラクトも加える。
3. 2をクラストの上に注ぎ、190℃のオーブンで15～20分、ほぼ固まるまで焼く。

サワークリーム・トッピング
サワークリーム…30*ml*
砂糖…大さじ2
バニラ・エクストラクト…小さじ½
バニラ・シード…莢½本分

1. 砂糖、サワークリーム、バニラ・シード、エクストラクトを混ぜる。
2. 先ほど焼いたクリームチーズ生地の上に1をかけ、残しておいた砕いたクラッカー110*g*分を散らす。
3. 175℃のオーブンでさらに8分間焼く。
4. 完全に冷ましてから切り分ける。

……………………………………………

◉オレンジ・クリーム・クーラー

オレンジ果汁…240*ml*
砂糖…50*g*
無糖練乳（あるいは同量の牛乳とクリームを混ぜる等、お好みで）…480*ml*
クラッシュアイス…225*g*（110*g*強ずつ、ふたつに分けておく）
ピュア・バニラ・エクストラクト…小さじ½

1. ピッチャーにオレンジ果汁、砂糖を入れ、砂糖が溶けるまでよく混ぜる。
2. そこに無糖練乳とバニラを加える。
3. 氷110*g*を加え、冷たくなるまで混ぜる。
4. 背の高いグラスに残りの氷を入れ、3を注いですぐにいただく。

……………………………………………

◉コーン・クリーム・スープ

メリー・マルティネスのレシピより。

冷凍または生のスイートコーン（軸からはずす）…560*g*
バター…大さじ2
白玉ねぎ…75*g*（みじん切り）
ニンニク…2片（さいの目切り）
チキンスープまたは鶏ガラスープ…480*ml*
裂いたバニラの莢…6*cm*
全乳…480*ml*
中力粉…大さじ1
ケソ・フレスコ・チーズ［メキシコの生チーズ］（またはモッツァレラ・チーズ）…110*g*（角切り）
ヘビークリーム（飾り用、お好みで）…大さじ4
塩、コショウ…適量

1. 生のトウモロコシの皮をむく。

2. 鋭いナイフを使って実を軸から外す。軸まで削り取らないように注意する。
3. ソースパンにバターを入れ、中火〜弱火で溶かす。
4. 白玉ねぎとニンニクを加え、焦げつかないように混ぜながらやわらかくなるまで、ただしきつね色にならないように、5分ほど炒める。
5. 火を中火〜強火に強め、2のトウモロコシ、チキンスープ、バニラの莢を加えて煮立たせる。
6. 沸騰したら火を中火〜弱火におとし、トウモロコシがやわらかくなるまで15分ほどことこと煮る。
7. トウモロコシに火が通ったら、飾り用に110*g*分を玉じゃくしですくっておく。
8. スープを煮ているあいだに、別のボウルに中力粉と全乳を入れ、だまにならないように混ぜる。
9. 8をミキサーに入れる。
10. バニラの莢を取り出してから6を9のミキサーに加え、なめらかになるまで攪拌する。
11. ピューレ状になったらソースパンに戻し、中火で5分ほど、焦げつかないようにときどき混ぜながら加熱する。
12. とろみがついたら塩、コショウで味を調える。
13. 器によそい、よけておいたコーンと角切りのチーズをちらす。

…………………………………………

◉ミルクシェイクとポテトフライ

ポテトフライ用
大きめのベイク用ジャガイモ…3個（1.5*kg*）
植物油…大さじ3
塩水…小さじ1
塩、コショウ…適量

1. オーブンを175℃で予熱する。
2. ジャガイモを洗い、約6.5*mm*幅のくし形切りにする（お好みで皮をむく）。
3. ボウルに冷たい塩水と切ったジャガイモを入れて混ぜ、10分ほどおく。
4. ジャガイモの水気をペーパータオルでふき取り、ボウルで油をまぶす。
5. 耐熱皿にアルミホイルまたはクッキングシートを敷き、4のジャガイモを平らに広げる。
6. 25分ほど、こんがりきつね色になるまで焼く。
7. 火が通ったら、オーブンから取り出しボウルにあける。
8. 塩、コショウをまぶす。

ミルクシェイク用
バニラ・アイスクリーム…225*g*
全乳…180*ml*
バニラ・エクストラクト…小さじ½
ハチミツ（お好みで）…大さじ1

1. 全乳、バニラ・エクストラクト、ハチミツ、アイスクリームをミキサーに入れる。

2. なめらかになるまで攪拌し、グラスに注ぐ。
3. ポテトフライでディップして食べることもできる。いや、むしろディップすべきである——なぜならとても美味だから！

………………………………………………

飲み物

◉バニラ・ティー

ローラ・フロンティ著『香り高い紅茶とハーブティー *Aromatic Teas and Herbal Infusions*』より。

ティーバッグの紅茶…1 袋
バニラの莢…1 本（さいの目に切る）
水…240*ml*

1. 水を沸騰させ、ティーバッグを入れたカップに注ぐ。
2. バニラを加え、4 分間おく。

………………………………………………

◉シンプル・バニラ・シロップ

グラニュー糖…225*g*
水…240*ml*
バニラの莢…1 本（縦方向に裂く）

1. 小さめのソースパンに水と砂糖を入れて中火にかけ、静かに混ぜる。
2. 1 分ほど加熱して沸騰させ、砂糖を完全に溶かす。
3. バニラの莢を加え、15 分ほどかけて冷ます。
4. 完全に冷めたら密閉容器に入れ、冷蔵庫で保存する。

………………………………………………

◉モヒート

ホワイトラム（銘柄はお好みで）…60*ml*
シンプル・バニラ・シロップ（前出レシピ参照）…15*ml*
ライム果汁…20*ml*
枝つきミント…3 本
くし形切りのライム…1 片
炭酸水…4 滴
氷…120*g*

1. ラム酒、バニラ・シロップ、ライム果汁、ミント、氷をカクテルシェイカーに入れ、よく混ざるまでシェイクする。
2. グラスに注ぎ、炭酸水を足し、くし形切りのライムを添える。

………………………………………………

◉バーボン・マティーニ

バーボン（銘柄はお好みで）…60*ml*
シンプル・バニラ・シロップ（前出レシピ参照）…30*ml*
トリプルセック［オレンジの果皮と柑橘類で作ったリキュール］…20*ml*
オレンジ・ツイスト［オレンジの皮を薄くそぎ、軽くひねったもの］（お好みで）…1 枚
バニラの莢（お好みで）…1 本

氷…120*g*

1. シェイカーに材料とカップ½の氷を入れ、シェイクしてよく混ぜる。
2. こし器でこし、冷やしておいたマティーニ・グラスに注ぐ。
3. バニラかオレンジ・ツイストを飾る。

……………………………………………

◉サマー・パンチ

シンプル・バニラ・シロップ（前出レシピ参照）…30*ml*
冷凍ミックス・ベリー…120*g*
水…240*ml*
ジンジャーソーダ…240*ml*
氷…120*g*

1. ガラスのピッチャーに材料をすべて入れて混ぜる。
2. よく冷やしていただく。

……………………………………………

◉バニラ・ウォッカ

ウォッカ（銘柄はお好みで）…750*ml*
バニラの莢…1本
レモンの皮（お好みで）…1個分

1. ガラス製密閉容器にウォッカを注ぐ（元のウォッカ・ボトルのままでもよい）。
2. バニラの莢と、お好みでレモンの皮を加える。
3. 蓋を閉め、1日おきに振りながら、1～2週間冷暗所で寝かせる。

……………………………………………

◉メキシカン・チョコレート

バーバラ・ハンセン著『メキシコの料理 *Mexican Cookery*』より

牛乳…720*ml*
セミスイート・チョコレート（メキシコのチョコレートを用意するのがこつ）…85*g*
砂糖…大さじ2
シナモン・パウダー…小さじ½
バニラ・エクストラクト…小さじ¼
テキーラまたはグランマルニエ［コニャック・ベースのオレンジ系リキュール］（お好みで）…30*ml*
ホイップクリーム（お好みで）…適量

1. 中くらいの大きさのソースパンに牛乳、チョコレート、バニラ、シナモン、砂糖を入れ、中火にかける。
2. 吹きこぼれないように注意しながら沸騰させる。
3. チョコレートがやわらかくなったら、泡立て器かフォークで攪拌する。
4. ふたたび沸騰させ、泡立ってきたら火からおろす。
5. マグカップに静かに注ぐ。
6. テキーラかグランマルニエを加え、ホイップクリームを添える。

……………………………………………

ご家庭で作れるもの

◉バニラ・オイル

料理用あるいは香料として。

アーモンド・オイル（無香のオイルならなんでも可）…120*ml*
バニラの莢（縦に裂く）…1本

1. 中くらいの大きさのガラス製密閉容器にオイルとバニラの莢を入れ、しっかり蓋をしてシェイクする。
2. 1を陽当たりのいい窓台に約4週間置いておく。
3. 底周辺に穴のあいたボウル（コランダー）にコーヒーフィルターを置いてオイルをこし、小さめの瓶に入れる。
4. 冷所で保存すると、約1か月もつ。

……………………………………………

◉フェイシャル・スクラブ

ブラウンシュガー…110*g*
スイート・アーモンド・オイル…60*ml*
バニラ・オイル（前出レシピ参照）…60*ml*

1. すべての材料をスプーンで混ぜる。
2. 1を顔全体に塗り、やさしくこする。
3. スクラブをお湯でしっかり洗い流し、タオルで顔をふく。

……………………………………………

◉フェイシャル・マスク

ヨーグルト…大さじ3
バニラ・オイル（前出レシピ参照）…小さじ½

1. 小さめのボウルでヨーグルトとバニラ・オイルを混ぜる。
2. 1を顔全体にやさしく塗り、15分ほどおく。
3. マスクをお湯でしっかり洗い流し、タオルで顔をふく。

……………………………………………

◉エア・フレッシュナー

水…720*ml*
バニラ・エクストラクト…大さじ1
シナモン・スティック…1本

1. 小さめのソースパンに水を入れ、中火にかけて沸騰させる。
2. 火を弱め、バニラとシナモンを加えて半時間ほどことこと煮る。
3. しっかり冷めたらシナモン・スティックを取り出す。

注

第1章　生態

(1) Ken Cameron, *Vanilla Orchids: Natural History and Cultivation* (Portland, OR, 2011), p. 14.

(2) 同上 7–8.

(3) Severine Bory et al., 'Biodiversity and Preservation of Vanilla: Present State of Knowledge', *Genetic Resources and Crop Evolution*, LV/4 (June 2008), pp. 551–71.

(4) Patricia Rain, *Vanilla: The Cultural History of the World's Favorite Flavor and Fragrance* (New York, 2004), p. 79.

(5) 同上。p. 119.

(6) J. Hernandez-Hernandez, 'Mexican Vanilla Production', in *Handbook of Vanilla Science and Technology*, 2nd edn, ed. D. Havkin-Frenkel and F. C. Belanger (Hoboken, NJ, 2011), p. 6.

(7) Tim Ecott, *Vanilla: Travels in Search of the Ice Cream Orchid* (New York, 2004), p. xiii.

(8) Patricia Rain, *Vanilla Cookbook* (Berkeley, CA, 1986), p. 12.

(9) Patrick G. Hoffman and Charles M. Zapf, 'Flavor, Quality, and Authentication', in *Handbook of Vanilla Science and Technology*, ed. Havkin-Frenkel and Belanger, p. 163.

第2章　歴史と起源

(1) Santiago R. Ramirez et al., 'Dating the Origin of the Orchidaceae from a Fossil Orchid with Its Pollinator', *Nature*, CDXL/7157 (30 August 2007), p. 1042.

(2) Patricia Rain, *Vanilla: The Cultural History of the World's Favorite Flavor and Fragrance* (New York, 2004), p. 14.

(3) Douglas T. Peck, 'The Geographical Origin and Acculturation of Maya Advanced Civilization in Mesoamerica', *Revista de Historia de America*, CXXX (2002), p. 26.

(4) Lynn V. Foster, *Handbook to Life in the Ancient Maya World* (New York, 2002), p. 127.

(5) Erasmo Curti-Diaz, *Cultivo y beneficiado de la vainilla en Mexico. Folleto technico para productores* (Papantla, Veracruz, 1995), p. 96.

(6) Rain, *Vanilla*, p. 92.

(7) Stuart B. Schwartz, *Victors and Vanquished: Spanish and Nahua Views of the Conquest of Mexico* (New York, 2000), pp. 5–6.

(8) Francisco López de Gómara, *Historia general de las Indias y Vida de Herna´n Corte´s* (Caracas, 1979).
(9) Camilla Townsend, 'Burying the White Gods: New Perspectives on the Conquest of Mexico', *American Historical Review*, CVIII/3 (June 2003), pp. 659–97.
(10) Rain, *Vanilla*, p. 47.
(11) Emilio Kouri, *A Pueblo Divided: Property, and Community in Papantla, Mexico* (Stanford, CA, 2004), p. 21.
(12) 引用同上。 p. 47.
(13) Mei Chin, 'Casanova: A Man's Healthy Appetite with All Life's Pleasures', www.irishtimes.com, 13 February 2018.
(14) Elizabeth de Feydeau, *Jean-Louis Fargeon, Parfumeur de Marie-Antoinette* (Versailles, 2005). (エリザベット・ド・フェドー『マリー・アントワネットの調香師――ジャン・ルイ・ファージョンの秘められた生涯』、田村愛訳、原書房)
(15) Rain, *Vanilla*, p. 64.

第３章　バニラの輸出

(1) Sarah Lohman, 'The Marriage of Vanilla', www.laphamsquarterly.org, 4 January 2017.
(2) Hannah Glasse, *The Art of Cookery* [1747], www.archive.org, accessed 24 December 2015, p. 342.
(3) Mary Randolph, *The Virginia Housewife* (Baltimore, MD, 1824), p. 143.
(4) 'Coca Cola', https://en.wikipedia.org, accessed 4 March 2019.
(5) Mary Bellis, 'The History of the Soda Fountain', www.thoughtco.com, 12 February 2019.
(6) James Harvey Young, 'Three Atlanta Pharmacists', *Pharmacy in History*, XXXI/1 (1989), pp. 16–17.

第４章　現代社会

(1) Matt Siegel, 'How Ice Cream Helped America at War', www.theatlantic.com, 6 August 2017.
(2) Dina Spector, 'The Twinkie Changed for Good Thanks to World War II', www.businessinsider.com, 17 November 2012.
(3) Patricia Rain, *Vanilla: The Cultural History of the World's Favorite Flavor and Fragrance* (New York, 2004), p. 273.

(4) 同上。

第５章　供給と生産

(1) 'Vanilla', https://oec.world/en/profile/hs92/0905, 2 June 2019.

(2) James Burton, 'The Leading Countries in Vanilla Production in the World', www.worldatlas.com, 9 August 2018.

第６章　ポップカルチャー

(1) Joseph Lanza, *Vanilla Pop: Sweet Sounds from Frankie Avalon to ABBA* (Chicago, IL, 2005).

(2) Mickey Hess, 'Hip-hop Realness and the White Performer', *Critical Studies in Media Communication*, XXII/5 (December 2005), p. 373.

第７章　香りの特徴

(1) A. S. Ranadive, 'Quality Control of Vanilla Beans and Extracts', in *Handbook of Vanilla Science and Technology*, ed. D. Havkin-Frenkel and F. C. Belanger (Hoboken, NJ, 2011), p. 145.

(2) 同上。

(3) Patricia Rain, *Vanilla Cookbook* (Berkeley, CA, 1986), p. 7.

(4) 同上。 p. 7.

(5) 同上。

(6) C. Rose Kennedy and Kaitlyn Choi, 'The Flavor Rundown: Natural vs Artificial Flavors', http://sitn.hms.harvard.edu, 21 September 2015.

(7) Javier De La Cruz Medina, Guadalupe C. Rodriguez Jimenez and Hugo S. Garcia, 'Vanilla: Post-harvest Operations', www.fao.org, 16 June 2009.

(8) Janet Sawyer, *Vanilla: Cooking with One of the World's Finest Ingredients* (London, 2014).

(9) Medina et al., 'Vanilla: Post-harvest Operations'.

(10) F. Buccellato, 'Vanilla in Perfumery and Beverages', in *Handbook of Vanilla Science and Technology*, ed. Havkin-Frenkel and Belanger, pp. 237–9.

(11) James Briscione and Brooke Parkhurst, *The Flavor Matrix: The Art and Science of Pairing Common Ingredients to Create Extraordinary Dishes* (New York, 2018), p. 246. (ジェイムズ・ブリシオーネ、ブルック・パーカースト『フレーバー・マトリックス—風味の組み合わせから特別なひと皿を作る技法と科学』、日時能

理子、中村雅子訳、SB クリエイティブ）
（12）以下のウェブサイト参照。 https://nielsenmassey.com/vanillas-and-flavors, 17 January 2019.

世界のバニラ

（1）Alan Chambers, 'Potential for Commercial Vanilla Production in Southern Florida', https://crec.ifas.ufl.edu, accessed 1 June 2019.

ローザ・アブレイユ＝ランクル（Rosa Abreu-Runkel）
ドミニカ共和国に生まれ、アメリカで育つ。マリオット・インターナショナル、ミレニアム・ホテルズ、ハイゲート・ホテルズ、IHG インターコンチネンタル・ホテルズ等、多国籍ホテル企業の飲食部門で中級および上級管理職の経験を積み、19 年以上にわたってホスピタリティ・マネジメントにかかわってきた。現在はニューヨーク市立工科大学、ホスピタリティ・マネジメント学部助教として、ホスピタリティ・マネジメントの展望、ビジネス旅行、観光事業およびダイニングルーム運営について教鞭を執る。

甲斐理恵子（かい・りえこ）
翻訳者。おもな訳書にジャン・デイヴィソン『「食」の図書館　ピクルスと漬け物の歴史』、リチャード・サッグ『妖精伝説　本当は恐ろしいフェアリーの世界』（以上原書房）などがある。

「食《しょく》」の図書館《としょかん》

バニラの歴史《れきし》

●

2022年11月22日　第1刷

著者……………ローザ・アブレイユ＝ランクル

訳者……………甲斐理恵子《かいりえこ》

装幀……………佐々木正見

発行者……………成瀬雅人

発行所……………株式会社原書房

〒160-0022 東京都新宿区新宿1-25-13

電話・代表 03(3354)0685

振替・00150-6-151594

http://www.harashobo.co.jp

印刷……………新灯印刷株式会社

製本……………東京美術紙工協業組合

ISBN 978-4-562-07215-6, Printed in Japan